狗熊会

Data leadership

The key path of data transformation
in the era of artificial intelligence

数据领导力

人工智能时代
数据化转型的关键路径

王安 常莹◎著

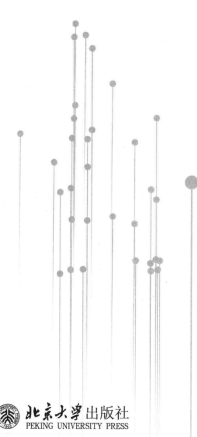

北京大学出版社
PEKING UNIVERSITY PRESS

内 容 提 要

本书以七个人物的经历为轴心，记录了不同行业数据化转型的历程，展现了数据化转型过程中的具体困境、经验和教训，说明了数据领导力发挥作用的场景和路径。

七个人物所处行业不同、职位不同，但都在实际工作中展现了领导力，并一步步推动了数据化转型的进程。他们不仅要展现数据价值，还要影响周围的人，帮助组织接受数据化的理念，实现数据驱动流程的再造。每一步他们都有目标，都会尝试和反思，无论是成功还是失败，读者参照自己的切实场景，都能有所收获和借鉴。

希望本书可以帮助读者跨越数据技术和商业价值之间的鸿沟，为人工智能时代的数据化转型提供切实的帮助。本书适合人工智能、数据分析方向的从业人员，同时也适合企业的管理者、变革者，以及对数据化转型感兴趣的大众读者。

图书在版编目(CIP)数据

数据领导力：人工智能时代数据化转型的关键路径 / 王安，常莹著. — 北京：北京大学出版社，2020.5

ISBN 978-7-301-25305-2

Ⅰ.①数… Ⅱ.①王… ②常… Ⅲ.①数据管理 Ⅳ.①TP274

中国版本图书馆CIP数据核字(2020)第059207号

书　　　名	数据领导力：人工智能时代数据化转型的关键路径
	SHUJU LINGDAOLI: RENGONG ZHINENG SHIDAI SHUJUHUA ZHUANXING DE GUANJIAN LUJING
著作责任者	王安　常莹　著
责任编辑	吴晓月　王继伟
标准书号	ISBN 978-7-301-25305-2
出版发行	北京大学出版社
地　　　址	北京市海淀区成府路205号　100871
网　　　址	http://www.pup.cn　　新浪微博：@北京大学出版社
电子信箱	pup7@pup.cn
电　　　话	邮购部 010-62752015　发行部 010-62750672　编辑部 010-62570390
印　刷　者	北京溢漾印刷有限公司
经　销　者	新华书店
	787毫米×1092毫米　16开本　　11印张　　184千字
	2020年5月第1版　2020年5月第1次印刷
印　　　数	1-4000册
定　　　价	49.00元

探路者

清晨我们出发
一种勇气在心中汹涌
我们心中渴望
想知道这个世界如何运行

我们躬身前行
耳边呼啸着风
前方的阻碍
却还是一动不动

我们风雨同行
面对同一片泥泞
因为有彼此
内心更加坚定

因为我并不孤独
因为我们要探寻所有方向
每一个人前行
都带着所有人的梦想

我们跟随内心的好奇
释放创造的能量
面对未来无尽的路
一点都不畏惧慌张

我们可能听不见彼此的声音
彼此的心跳却在空中回荡
每个人都有一部电台
在路途中给彼此力量

是你给我勇气
选择自己的方向
也许这条路很少人走
道路崎岖漫长

我们留给彼此的
可能只是背影
但是傍晚时仰望星空
同一个信念在我们心中

我们都是探路者
心中无愧每一段旅程

序言

过去的十年，是大数据概念普及的十年；而未来的十年，将是开启数据资产化伟大进程的十年，请问你做好准备了吗？

什么是数据资产化？要理解数据资产化，首先要理解两个重要的关键词：第一个词是"数据"，第二个词是"资产化"。

什么是数据？从产业的角度看，就是电子化记录。因为只有电子化记录才能支撑规模化的产品应用，才能支撑数据产业的发展。从这个角度看，数据的定义不是一成不变的，它有着强烈的时代特征，因为不同时代为我们提供了不同的数据采集技术手段。

什么是资产？所谓资产，就是能够带来预期收益的资源；所谓数据资产，就是能够带来预期收益的数据资源。如果以这个标准审视我们所见的数据，那么它们大多数仅仅是数据而已，并不是资产，因为它们没有带来可预期的收益。

由此可见，数据资产化的核心是，让数据创造价值！请问，数据如何才能创造价值？是不是对数据做了高大上的模型，它就可以创造价值了？是不是数据量足够大，它就可以创造价值了？是不是有了人工智能，它就可以创造价值了？答案都不是。因为在实践中，人们对价值有着非常朴素的定义。什么是价值？价值不是任何高大上的概念，所谓价值，就是业务的核心诉求。由此可见，价值只能在合理的业务场景中被创造出来，没有场景，数据不可能有价值。为什么？因为在数据创造价值的道路上，场景为王！而谁能驾驭场景？人！

数据资产化的道路并不平坦，将面临很多的挑战。要完成数据资产化的伟大转型，我们奇缺的不是数据，不是技术，甚至不是场景，而是人才！我们需要一批优秀的人才，他们要懂数据、懂价值，更要懂场景，甚至要懂公司战略、懂产品设计、懂组织架构。这样的人才不同于工程技术意义上的"数据科学家"，他们更像是一个产品经理，一个让数据产生价值的产品经理。这个数据产品经理，不仅要有处理数据的能力，还要有整合资源的能力、跨部门沟通的能力，甚至要有预见行业未来的能力。这么多能力综合在一起是什么？我认为是一种独特的"领导力"，独特的"数据领导力"，具备这种能力的人，必将成为大数据时代、大数据行业的宠儿。

而这种能力是怎样养成的呢？很遗憾，这种能力似乎不大可能在高校的象牙塔中养成，它只可能在行业实践的摸爬滚打中摸索养成。过去十年的中国大数据产业实践，为我们提供了这样的学习素材，但是很遗憾，这些素材没有被我们总结记录下来，直到有了王安和常莹的这本书。从书名就可以知道，这是一本关于数据领导力的书，关于人工智能时代的书，关于数据化转型的书，关于数据化转型关键路径的书。与其他类似图书不同的是，这本书里没有任何大道理，没有说教，甚至没有太多的对错判断，它只是忠实地记录了很多事实，以及将这些事实穿插起来的精彩故事。

具体而言，两位作者通过大量的实际采访，最终总结了数据产业的七位资深从业者的职业成长道路。本书描述了他们的职业成长道路，记录了他们曾经遇到的挑战，总结了他们在数据创造价值过程中产生的困惑甚至沮丧。你会发现，他们面临的大量困惑和挑战并不直接与数据相关，也可能与场景相关，可能与团队相关，可能与组织结构相关，可能与产品相关。

他们在面对这些挑战的时候，做出了什么样的应对策略？有哪些经验教训可以总结？这七位典型人物的故事，给我们提供了一个独特的侧面，让我们可以去窥视数据产业发展的历程。故事中还展现了这七个人所具有的独特的"数据领导力"，这样的领导力是未来数据资产化历程不可或缺的关键元素。同时，这七位从业者的真实经历，也为我们提供了一个微观的视角，去忠实记录并讴歌我国的数据化进程！

王汉生

前言

　　领导力是管理者充分利用资源达成目标的一种能力，无论是组织发展还是人才自身发展，领导力都是成功的关键因素之一。近几年来，"大数据""人工智能"等概念相继火爆，带动数据科学产业有了一日千里的发展。这个行业的从业者、希望从数据中找到发展新契机的组织，都面临着如何培养数据领导力的问题，他们都希望通过数据使人们的工作变得更有效率，使人们取得更好的成果。

　　我们两位作者在不同的行业从事数据工作多年，在成长的过程中经历过很多迷惘。在与同行们的交流中，我们发现自己的困惑并非个例，无论是资深的前辈还是刚入行的年轻人，很多人都曾有过和我们类似的困惑。比如，在某个特定的业务环境中，数据人才或团队要如何做才能充分发挥数据的价值？又如，我们应该如何规划自己的职业生涯？再如，如何带动整个企业实现全面数据化转型？

　　在我们职业生涯的早期，由于数据科学行业在国内尚处于萌芽阶段，要与前辈和同行交流比现在困难得多。我们不得不一路懵懂试错而来，走过许多弯路，积累了一些教训和有限的经验，特别希望将它们分享给整个行业，以期后来者以此为基础继续前进，这就是我们写作这本书的初衷。我们很幸运地找到了许多志同道合的朋友，他们愿意分享自己的故事。他们的许多思考和总结，对于解决组织在数据化转型过程中经常遇到的典型问题非常有借鉴意义。

　　这些受访者所处的行业不同、担任的职位不同，但都在自己的岗位上展现出了非凡的数据领导力，并且引领着企业的数据化转型进程不断加深。有的受访者一直专注于数据专业工作，通过不断的努力和积累成为团队骨干和管理者，一手建立起数据团队在公司中的影响力；有的受访者转岗加入了业务部门，将自己从数据中整理出的构想逐一验证落实；有的受访者在大公司的广阔平台上施展才华；有的受访者则迷恋创业阶段的想象空间，享受密集迎接挑战的快感；有的受访者选择服务于企业内部的数据部门，从组织内部发起数据文化和工作习惯的变革；有的受访者选择了第三方数据服务公司，与客户共同成长，帮助客户实现和深化数据化转型。

　　为了更集中地展现行业中的各种典型问题，我们对受访者的经历进行了一定程度的整合，最后呈现给读者的是数据价值实现工作中的七个典型角色，每个角色的故事其实都是一组职业经历相似的同行的群像。这七个典型角色的主要背景如下。

第一章：小 R，数据科学行业十几年来发展的见证者，商业数据分析师，加入过多个行业，服务过大中小型公司。

第二章：吴形，互联网创业公司的首席数据分析师，通过数据帮助创业企业快速学习和成长。

第三章：叶茂，服务于业界知名的数据服务提供商，通过数据项目帮助企业客户完成数据化转型。

第四章：林旭，银行信用卡中心的数据分析团队负责人，见证了传统行业在实现数据化转型过程中的困扰与成就。

第五章：蒙田，互联网金融公司的首席风险官，需要在瞬息万变的行业背景下，建立数据驱动型的风险管理业务流程、执行方法和数据文化。

第六章：程易，互联网公司的数据产品经理，主要面对如何将数据成果转化为生产力的问题。

第七章：陆哲，互联网教育公司的首席数据官，将人工智能和数据分析技术落实到驱动教育产业变革的解决方案中，同时自己也走向了数据科学从业者职业生涯的一个高峰。

数据产业发展迅速，影响范围几乎覆盖了所有重要行业和新兴领域。由于本书篇幅所限，我们记录下的典型问题和应用场景有限，难免挂一漏万。希望这本书能够抛砖引玉，为各位同行与合作伙伴提供一个契机，未来我们可以一起继续分享、共同进步。我们诚挚地期盼能听到各位读者讲述属于自己数据领导力的精彩故事。

最后，感谢数据产业高端智库狗熊会对于本书的支持。我们两位作者是狗熊会的员工和长期的合作伙伴，在本书的写作过程中，同事们为我们提供了大量生动的素材和帮助。感谢北京大学出版社的魏雪萍老师和王继伟老师，不辞辛苦地全程陪伴我们的写作过程，给予我们悉心的帮助和指点。当然，最应当感谢的还是几十位接受我们采访的同行，感谢你们的信任，你们无私地讲出自己的故事，为行业和后来者的发展夯实了路基。

提示：本书所涉及的相关图表已上传到百度网盘，供读者下载。请读者关注封底"博雅读书社"微信公众号，找到"资源下载"栏目，根据提示获取。

王安　常莹

目 录

01

见证者

小 R　小而美的数据机构的老师，曾在雅虎、数据创业公司、电商企业工作过，是中国互联网数据应用的见证者。

采访结束，我对小 R 说："你讲的可是自己的亲身经历，你怎么没有什么情绪，还正面、反面、侧面各种分析？"她笑着说："职业病呗。数据分析师是用事实说话的人。描述问题和下结论的时候，形容词和副词都要小心用。"停顿一下，她接着说道："讲述亲身经历，又能保持旁观的视角，其实还挺有意思的。虽然有时候参与感没那么强，但是思路不会受限。"

小 R 从业的时间正好是中国互联网产业和数据应用行业极速发展的阶段。这一路走来的见闻，搭配她那仿佛永远波澜不惊的状态，让她确实很适合成为这个行业发展历程的一个见证者。

1. 寂静的早春

小 R 打了个比方，她说："数据行业的发展就好像北京的天气，漫长的冬和夏之间隔着两三个礼拜的春天。我大概就是在冬春之交的时候入行的。"

那是十多年前了，小 R 刚从一所 C9 学校的商学院统计学专业拿到硕士学位。她的同班同学大多选择了泛金融行业的公司，也有的进了机关、国企、事业单位。相比之下，小 R 对工作的想法没那么长远，她上学的时候一直觉得分析数据挺有意思，就想找个能学以致用、干得开心的工作。

那时，数据分析及相关的产业还未进入大众的视野，招聘数据分析师的公司也远不似现在这样俯拾皆是。小 R 心仪的工作基本上只有五百强企业、市场调研公司和初代互联网巨头才能提供。所以，就算扛着块 C9 的牌子，她也一直耗到毕业前两个月才签了三方协议，差不多是全班最后一个。

小 R 要加入的公司是雅虎中国。她签下协议的时候，雅虎成为阿里巴巴 D 轮投资商的新闻余波犹在。那时的雅虎如日中天，阿里巴巴的"商业帝国"版图也初现雏形，雅虎以中国区全部资产加 10 亿美元交换了阿里巴巴集团 40% 的股权和 35% 的投票权。后来的事实证明，这是一桩足以载入互联网发展史册的标志性投资案。要小 R 说，应该还能算作是无心插柳的经典品牌公关案例：那个时代的互联网行业还远没有发展到现在这样新闻多到刷不完的程度，"围观群众吃这个瓜吃了好几个月都不嫌烦，恨不得钻到杨致远和马云的脑袋里去弄明白他们到底想干什么"，两家公司趁此赚足了关注度。

小 R 是在面试中被问到对这件事的看法时才知道这个消息的。投资案宣布后，雅虎中国有一批同事集中离职，人力资源部难免会特别担心员工的稳定性。在小 R 这里，这个问题却实属多余，她那时候觉得找工作就是挑自己能干、自己想干的活儿，诸如给谁打工、企业文化之类的事情根本没来得及进入她衡量工作机会的条件清单里。

不论外面如何喧嚣，在暴风中心的人们感受到的其实并不是翻天覆地的变化，而是无穷无尽细节上的改变。这项投资案对雅虎中国的最大影响，是各个团队都要尽快努力减少对美国总部的依赖，并且开始与阿里巴巴注入的团队融合。小 R 能有机会加入，就是因为雅虎中国当时刚刚成立了一个专司数据分析的团队，新部门的负责人选了"商业智能部"和"BI"作为自己部门的中英文名称。商业智能、Business Intelligence、BI，这些在当时还是挺时髦的新鲜词，"大概相当于现在很多公司都喜欢建一个人工智能（AI）中心吧"。

这个团队的人一半左右来自市场部，另一半是新近招聘的员工，大多是工作经验不足两年的职场新人。新组建的团队，成员间要相互磨合，要建立本地的数据生产和应用体系，要和各个业务团队建立合作关系，要规划以后整个部门的工作目标和节奏，真如白手起家一般。于是小 R 签完合同，就被负责人抓去干活儿了。

那个时代的互联网产品基本是以网站的形式提供的，需要记录的数据大致有两种：一种是各种产品通用的网站流量数据；另一种则是根据产品特点衍生出的个性化指标，比如，电商关注成交数量、博客关注发布内容的数量。在雅虎与阿里巴巴交易之前，雅虎中国的网站流量数据从美国总部提供的数据平台获得，各个业务的个性化指标一般由负责开发产品的各个技术团队提供。由于没有统一的标准和出口，管理层在做决策时经常会发现几个同事拿出来的同一个名目的指标数据"打架"。于是大家只能停下来，先分别回溯每份数据的计算逻辑，确定一个适合当前问题的口径（当然，它很可能和之前所有的口径都不同），再继续讨论。如果涉及一些产出时间比较久远的数据，当时的操作人已经不在公司，那么回溯的工作会变得更加复杂。于是在需要对比今昔变化的时候，很多人干脆按照某个口径去重新计算一遍所需的历史数据。数据报表的版本、来源、口径越来越多，积累成一笔谁都说不明白的账。这样的数据不但不能推动业务改进，连真实、全面地反映业务现状都很吃力。

在这样的背景下，雅虎中国对于刚刚组建的 BI 团队最大的期望，自然就是先让大家可以及时地看到准确的数据。小 R 的部门负责人选择的切入点，是从搭建和统一衡量业务发展现状的指标体系开始，逐步建立起 BI 团队对于业务的影响力。当时的雅虎中国几乎提供了除电商以外的全部免费互联网 2C 服务，产品线非常庞杂，整个 BI 部门为了这个项目倾巢而出。小 R 分到的第一个合作对象，是客户端软件部。

小 R 说："我那时候就是个纯种的职场新兵（傻白甜），只领会到要建一个合理的指标体系这一层。后来我自己带了个小组，有机会去跟进同事的工作进展时才琢磨出来，这是我们团队在公司里正式亮相的第一个项目啊，以后这个部门说话管用不管用，部门里这帮人出去走路是带风还是小透明，多少得看这次亮相亮得好不好。不过傻也有傻的好处，心无旁骛，做事没什么顾忌，对目标执着又专注。"

负责人看到小 R 是还挂着实习工牌的傻孩子，便亲自带着她去找客户端软件业务的负责人说明项目的来龙去脉。两个负责人聊得热闹，小 R 就在一边安静认真地听。她自知生嫩，于是谦虚肯学，又因为热爱自己的专业，所以推己及人，她总能尊重别人的专业，总之就是态度特别好。这样的新人放出去，最多是做不成事，不至于惹什么麻烦，不然人手再紧负责人也不能放心这么一个刚入职的新兵出去单打独斗。

小R说："其实那会儿'老板们'说话，我就有心想学，听得也是半懂不懂的。可我不想露怯呀，就使劲儿往脑子里记，脸上绷得跟面瘫似的，人家眼神儿转过来，我就赶紧露出八颗牙的标准微笑。回来一边记笔记、整理会议记录，一边就在脑子里过。他们之间的好多招式，我基本上是后来回想的时候才琢磨出一点意思。下次出去跟人说话，我有的地方就能学我上司那么说，还真挺管用的。我上司那时候也经常带着我们几个新兵出去，聊完了回来再从头解释一遍为什么那么说、绕开了哪些坑、接下来什么地方要注意，真的是操碎了一颗老父亲的心。"

上司出马替小R开好了路，业务部门的老大也没打算为难她一个小兵，马上安排了一位熟悉业务、性格友善的同事来做接口人。不过临走的时候，业务部门的老大笑眯眯地给小R搁下一句话："真替你发愁啊，一天业务都没做过，怎么做业务数据呀？"小R讲到这儿忍不住笑起来，说："可我神经大条啊，像这种言外之意有时候可能要好几年才能反应过来。当时我是真觉得他说得有道理，特别有危机感。我那个接口人，我简直恨不得钻人家脑子里去把他们部门的家底盘一盘。"

接口人在客户端软件部门工作了好几年，但越是精通自己本职工作的专业人士，就越难把自己的立场换到一个完全不了解业务的状态。他一开始就长篇大论地讲起来，小R能听懂的不多。好在她除神经大条以外还脸皮厚，不懂就问，态度又好，那一心想把业务做得更好的姿态简直太过坦荡真诚。接口人慢慢习惯了小R十万个为什么的对话风格，更有耐心了。

小R经常找接口人说话，于是就发现这个部门上班的节奏比较独特：白天工位上只稀稀落落坐个半满，倒是傍晚的时候人开始渐渐多起来。她就问接口人为什么他们部门上班还要分两班。接口人也没瞒她，笑得很神秘地说，这些晚上来上班的都是攻防工程师，部门里最重要、最精英的人。

那时候的互联网还是个人电脑（Personal Computer，PC）的天下。客户端软件安装在用户个人电脑的浏览器上，为用户上网提供辅助服务。它比一般的 PC 网站页面能够收集到更丰富的用户行为，甚至可以在用户毫无察觉的情况下在后台进行一些操作，比如，使用户安装的竞争对手的同类软件失效。当时市场上数得上的互联网巨头几乎都开发了自己的客户端软件，对这类产品的考核也基本以覆盖率指标为准，也就是安装了这个软件的电脑占所有电脑的比例。每天晚上上班的攻防工程师们，干的就是保卫覆盖率的活儿：让自己的软件在更多电脑上生效，让竞争对手的软件在更多电脑上失效。

小 R 听得目瞪口呆——"职场傻白甜第一次睁眼看世界了"——呆过以后，她想，自己虽然不喜欢他们不打招呼就在她的电脑里塞东西和取东西，甚至还要"抢地盘打架"，但工作该做的还是要做。小 R 整理了她这一段时间掌握的情况，梳理出了两件要事，都与"覆盖率"这个核心指标有关。她首先设计了覆盖率指标的自动化日报表，解决了统一口径、方便查看和分享的问题，公司大部分关心客户端软件部门工作情况的人都可以便捷地看到口径统一的数据了。不过这个以天为生产周期的报表解决的主要是"衡量工作结果"的问题，部门里的攻防工程师们需要的则是"工作过程"中的支持：他们要在每天傍晚上班前了解过去 24 小时里竞争局势的变化。于是小 R 又用准实时上报的数据做了一个时间序列模型，能以小时为粒度预测各客户端软件的覆盖率。这个模型可以给攻防工程师在上班前选择这一天的攻防重点时做参考。

日报表成了公司关于客户端软件的标准数据，预测模型也运行起来。小 R 积累了一段时间的覆盖率数据，写了一份关于工具条产品的竞争现状和发展建议的分析报告。部门负责人认可了她的工作成果，还表扬了一句"看图说话的能力不错"，同时将报告转发给部门同事参考。小 R 开心之余却还有点怏怏，她卸载了电脑里所有非必要的软件，直到互联网进入移动时代，她手机里的 APP 伸出两只手差不多也能数得过来。

小 R 说："作为用户，我知道天下没有免费的午餐。作为数据分析师，没有数据就没有我的饭碗。可是我在想，边界在哪里？比如，是不是每个 APP 都需要掌握用户的通讯录和通话记录？用户安装了一个 APP 是不是就意味着愿意把自己手机里安装了什么其他 APP 也分享给这个厂商？这两年关于数据隐私、合规性的话题关注度变高了，数据共享过程中的隐私保护技术也在发展。未来咱们应该有个规矩，要规定什么功能要用到什么信息，使用信息的边界在哪儿，越界了怎么办？我自己的想法是：第一，不论取什么，都得明着说；第二，如果没有某个信息我就不能提供服务，那么这个信息我必须取，你不给就不能用服务，其他的我可以提出来，但要由用户决定给不给。"

转年，"流氓软件"之争席卷整个中国互联网行业，PC 时代里煊赫一时的客户端软件业务随之式微。小 R 第一次感知和见证了一个行业的盛衰，感慨良多。那时她还不知道，这只是她所见证的雅虎中国和互联网行业一系列变迁的开始。

小 R 的指标体系类工作清单中又增加了邮箱、搜索、广告，其中最重要也最复杂的是公司的重要收入来源之一 —— 关键词竞价广告。关键词竞价广告的商业模式在 1998 年由 Overture 首创，迅速被几乎所有主流搜索引擎复制并且一直沿用至今。雅虎在 2003 年收购了 Overture，之后几年它在美国和全球很多国家和地区都是关键词竞价广告市场的头部竞争者，甚至是绝对的领头羊。

雅虎中国成立多年一直未能实现盈利，在最初的合并过渡阶段之后，阿里巴巴希望能够借提升广告收入来解决这个问题，甚至为此向雅虎的中国台湾地区团队雅虎奇摩借调了负责竞价广告的高管。雅虎奇摩是当时中国台湾地区关键词竞价广告市场上当之无愧的王者，其市场份额之高，足以让他们自豪地说一句"我们不是市场第一，我们就是市场"。借调过来的业务负责人经验丰富，过去与美国的数据团队有过很多密切的合作，对雅虎中国 BI 的要求自然也更高。小 R 和几位同事因此得到了去美国短期学习的机会，希望把美国团队实现和扩大搜索流量变现的能力复制到中国大陆。

2. 大开眼界

美国之行令小 R 眼界大开。她看到了一个以促进业务发展为目标的数据团队要如何分工、合作和共享知识，如何通过帮助他人成功地为自己赢得资源和地位。她更震惊于数据带来的收入增长规模之巨；美国团队整体对于数据的重视程度及使用数据的能力也令她刮目相看。她看到很多曾与北京同事们畅想的美好未来，已经成为美国办公室各层级的员工、客户、合作伙伴日常工作所必备的工具，几乎办公室里的每个部门都因数据工具而提高了工作效率或效果。

震撼之余，小 R 也倍觉鼓舞。她已不是那个只凭职位描述里有没有"数据分析"字眼来选工作的职场新兵，她开始渐渐懂得规划自己的职业发展，初入职场时对专业那种"想当然"的热爱也已在和日常工作的磨合中淡去。她仍然热爱自己的工作，却不再是凭着想象，而是凭着工作本身真实的模样。从美国之行的所见所闻看来，她爱的这件事正大有可为，怎么能不开心呢？！

小 R 带着对职业更加美好的想象回到了中国，不过很遗憾，她所见识到的那些关于竞价广告的美妙分析并没能在她的手里成为现实。投资案引来的巨大关注之下，对于如何将雅虎中国的业务融入阿里巴巴的生态系统，当时的阿里巴巴和雅虎似乎都还没有什么特别成型的想法。因此，雅虎中国在交易公布之后不久就进入了业务频繁调整、不断尝试融入阿里巴巴的阶段。关于发展竞价广告的构想，就是这些尝试中的一种，前后不过持续了几个月时间。

小 R 说："我在雅虎中国的前三年，公司换过五任总经理，任期最短的一个才干了 42 天；变了三次战略，人数最多的时候过千，最少的时候不满百。新的构想总是突然就铺开，那时我们听到的都是前景光明、全力以赴的号召，可惜到后来又都悄无声息地结束了。也许给我们时间，我们未必做不到，但问题是最给不起的资源好像就是时间。直到最后放弃了从业务角度融合的尝试，雅虎中国化作技术和人力资源的形式才真正融入了阿里巴巴。"

除了一些因战略调整而被转移至其他业务线的团队，雅虎中国的竞价技术和产品团队、搜索技术和产品团队先后被整体转岗至集团的其他业务线，成为阿里巴巴广告和搜索技术的初始核心团队。因某次战略转型而在北京招聘到的数百人的技术团队，也在下一次转型的时候被要求集体转岗到杭州。还有很多同事，更喜欢或看好阿里巴巴集团的其他业务，陆续通过转岗的机会进入了集团的其他业务线。但所有这些变化对于小 R 的影响都不如她部门负责人离职的影响大。

3. 一夜长大

在 2007 年雅虎中国的年会上，数据分析与数据技术团队因为在建立本地化数据平台项目中的优异表现，得到了公司级别的"最佳执行力团队"奖。这是所有年度奖项中最有分量的一个，将它颁发给一个公共服务团队，在雅虎中国的历史上仅此一次，团队里的所有人都很开心。然而转年春天，部门负责人和他们讲，他准备离开雅虎了，因为拿到了这样一个奖，"不知道将来怎么才可以干得更好"。

小 R 看起来很平静地接受了这件事。部门负责人于她有知遇之恩、有半师之分、有战友之谊，她希望他工作得更有成就感、更加开心。他那种失去目标的茫然她虽然还没有切身体会，却并非不能理解。然而回过头来再想自己的未来，她感受到的迷惘就现实得多了：虽然和他合作的时间并不是很长，可是她已经很习惯有这样一个人为他们决定方向，为他们争取空间和资源，给他们认可，督促他们不断努力做得更好；现在，这个人要离开了，他们要学着自己找到一条路带着团队往前走了。

小 R 的第二任上司是公司的财务总监，因为"财务和数据不都是搞数字的嘛"，这位女士被公司派来兼管 BI 及数据技术团队 SDS[①]。不过这逻辑大概只有在做决定的大老板那儿才走得通，新上司和她的新团队各自哭笑不得。

"到现在应该还有很多公司是这么想的。不是说这些公司都会找财务总监来带数据团队，而是说他们虽然对数据和数据人才寄予厚望，但并不能很清楚地说出数据和数据人才可以为公司带来什么不同，为此需要给数据和数据人才配备什么资源。老板们可能很舍得花钱请人，但是一到设定工作计划、下关键绩效指标（KPI）的时候，要么'天大的名词到处跑，要么请牛刀去杀鸡'。不过这不是别人的问题。"小 R 指指自己，说，"是我们自己还没把数据的价值好好地发挥和展示给大家看。毕竟隔行如隔山，你不能指望别人比你还懂你的专业，是不是？"

话题又回到小 R 的经历。财务总监女士临危受命之时，可能连 BI 到底有哪些职能都没来得及弄清楚。但她是一位非常成熟的管理者，与几个主管一番盘点后就把局面大致安顿了下来。小 R 看她处理事务时抽丝剥茧、善于决断的样子，觉得简直是一种享受。新上司也同样特别关注下属的成长，尤其重视 BI 团队各职能组主管的团队管理能力。小 R 说："她（新上司）没有数据专业的背景和经验，但是

---

① SDS（Strategic Data Solution）是从雅虎美国沿用过来的数据团队的名称，从这个名称可以看到它需要完成的不只是"算个数、出个报表"这些操作级别的工作，而是要提供战略层级的数据解决方案。雅虎美国当时有一万多名员工，其中 SDS 团队有六七百人，囊括了数据技术、数据产品、数据分析等数据价值实现的各种职能，是一条完整的业务线。雅虎中国的数据技术团队沿用了这个名称，但是只有数据技术一个职能，负责开发和运维数据仓库、数据生产系统、数据计算平台、数据产品；原为技术部的下属部门，后来为了更好地实现数据生产和服务本地化，汇报线调整至 BI 总监，这次也一同调整至财务总监名下。

我从她身上同样受益匪浅。"

此时的小 R 是 BI 一个职能组的主管，团队里有几个数据分析师，负责几条产品线的数据分析工作。与初入职场时相比，小 R 的任务复杂了不少：她得统筹好几条业务线的数据资源，还要学着对整个小组的成果和组内员工的职业发展负责。清晰的思路、看图说话式的表达、互利共赢的合作方式，帮助她平顺地度过了前一部分专业工作上的挑战。但在塑造一个真正的团队方面，她的进度远没有这样理想。就在第一任上司离任后不久，小 R 亲自面试、招聘、手把手带出来的第一个员工小 C 提出了离职，理由是"无论怎么努力，工作结果都得不到认可"。小 R 竟然是通过自己的上司知道这个消息的。小 C 并非对她毫不领情，两个人平时相处得还算融洽，不知道该怎么当面和小 R 提出这个事情，冲动之下就用了这么个拐弯说话的笨办法。

上司叫小 R 到办公室谈小 C 离职的事情，见小 R 对此全不知情，上司就耐心点拨："之前你跟我说小 C 表现不错，希望破格给她晋级。可是她跟我说要离职，因为她特别想做好工作却得不到你的认可，无论怎么做都没有让你满意过。我就给她看你写的破格晋级申请报告。她看完在我这儿哭了半天，说要不是已经接了新 Offer，她就不走了。我平时看她不是个浮躁的孩子，你们关系也不错，你说她为什么想走？"小 R 被这一问从震惊和失落里拉出来，开始和老板描述她们平时相处的情况。

雅虎中国当时有很完善的人才培养机制。小 R 正式成为主管之前，要先接受初级管理者的知识和技能培训。她把培训课程里的知识与自己工作中的观察体验两相对照，多有醍醐灌顶之感，于是有意识地要在工作中把这些知识用起来。只是知易行难，她经验有限，难免有理解不到位或用力过猛的时候，小 C 这件事就是如此。小 R 一直很看好小 C，觉得她可以成为自己的继任者，所以凡事对她都要求得比别人更严格几分：重要的数据分析项目尽量让小 C 参与甚至主导；小 C 写报告时，小 R 从篇章结构到字体字号都替她把关；有在对口业务部门建立声望的机会尽量让小 C 出马；还经常拉着小 C 一起总结复盘。经过一年多的相处，小 R 觉得，她们双方建立了默契，一切顺利。但换到毕业生小 C 的角度看，小 R 永远有新的要求，却极少对她做到了的事情表示满意。

那次谈话，小 R 最后跟上司说："比如她写的报告，我心里觉得已经有了 90 分的水平，可是我觉得她还能更好一点，达到 95 分，我就跟她说，这 5 分要怎么提上去。其实我应该先跟她说，今天的工作做得挺好的，可以打 90 分了。我如果不说，她就不知道我对她其实是满意的。"停了一下，小 R 又说："我早应该有感觉的，她刚来的时候做事特别有干劲，后来情绪上就不对了，好像有时候会刻意回避与我接触。可不知怎么回事，我就是一厢情愿地觉得一切都挺好的。"

上司笑着看着小 R，说："对小 C 来说，先认可她确实更好一些。但也不是每个人都需要经常把认可明确地表达出来。每个人的情况不一样，他们所需要的激励方式也不一样。对员工的好和尊重，就体现在你能发现这些不同，也能在能力许可的范围里按他们舒服的方式来管理。你肯在员工身上用心，这很好，有时候用心比给钱还管用呢，但这里面的度和具体的方法你还要慢慢体会。"

小 R 点点头，表示受教了："对！我是那种对情绪不怎么敏感的人，所以这么对我不会有什么问题，但我没感觉的事摊在别人身上时，他们可能已经快受不了了。我现在觉得，管理者就跟老师一样，好老师要因材施教，能对着不同的学生、不同的情况想出不同的方法。不能只会三板斧，对每个人都一模一样砍过去。"

上司听了，笑着摇摇头说："看看你毕业也两年了，怎么心还留在学校里，打个比方都是学生和老师的。"她看小 R 已经缓过来，不过多少还是有点蔫儿，就又提点她："现在遇到这个事情不算坏事。这种事管理者早晚都会遇到，早点知道这个道理比晚点知道好，你说是不是？"

小 R 整理好情绪，送走了小 C，慢慢地开始调整自己与团队相处的方式。后来，随着公司的历次调整，数据团队里陆续有其他同事离开，偶尔也有新人进来，小 R 在人员的管理和更替方面也渐渐有了自己的一套方法。转年，小 R 晋升为 BI 部门经理，开始管理更大的团队，并且要规划整个部门的工作。三年前，她看自己的第一任上司做过这些事情，那时她绝没有想过这么快就要自己上阵。

离开的同事多多少少对小 R 留在这里的选择表示过不理解：雅虎中国一直在探索，但是没有哪一次能看到希望的曙光，它的未来正变得越来越渺茫。相比之下，无论是转岗还是换一家公司，前景都要明朗乐观得多。可在小 R 看来："每次当我觉得可以驾驭好手头的工作的时候，差不多就会有一个新的机会摆在我眼前。三年时间，我从一个职场'傻白甜'变成要负责规划整个公司的数据工作的人——我真的很难再找一个地方，可以这么及时地给我这么多机会。"小 R 说，每次她想到这段经历都会有一句古诗浮现于她的脑海，那就是"国家不幸诗家幸，赋到沧桑句便工"。将这句诗用到雅虎中国与小 R 的身上虽然并不恰当，但公司的动荡确实给了小 R 一个几乎不可复制的成长机会。

"但我最感谢的，还是在这儿遇到了两位那么好的上司，有问题他们帮我扛、帮我改，有功劳他们就给我认可、给我机会。他们带着我几乎避开了职业生涯早期的所有典型问题。有这段经历打底，哪怕后来不和他们在一起工作了，我也不怕面对任何事情。"小 R 说，她知道自己一直会有很多东西需要学习和磨炼，但她坚信大部分问题都能找到解决办法。只要想清楚、努力做，运气就不会太差，她总会变得更好。

讲到这里，小 R 满面都是追忆，还特别翻出来雅虎中国 BI 团队先后使用过的两版部门标志给我看（见图 1.1）。她指着图中的元素一个个地给我解释，虽然时隔多年，但她仍然流畅得可以去做一场部门的员工培训。向我讲完后，她说："这些标志的意义，就是我作为数据分析师所受到的启蒙教育，也是我到今天仍然奉行的东西。"

图1.1

图 1.1 中左侧的图是 BI 团队刚组建时第一任负责人请 UED（用户体验设计）团队的同事帮忙设计的；BI 两个字母幻化为矿工小人儿的身体和挖掘工具。BI 团

队给自己的定位就是，像矿工挖宝藏一样，从数据中寻找和发现有价值的东西。BI 归入财务线后，大家聊天时偶然发现合在一起的部门简称 FBI，与美国联邦调查局一样，就做了右边这样一个部门标志。虽然套用 FBI 徽章是个戏要之作，但每个字和图案都经过了精心设计：文字部分的核心是部门的使命（Data on Demand，即财务与 BI 的服务应随需而来，要能够解决问题，而不是脱离实际、自赏自嗨）和价值观（Objective、Comprehensive、Professional，即财务与 BI 的员工在分析和下结论的时候要客观，看问题的视角要全面，要追求专业上的持续提升）。十个脚印代表脚踏实地、十全十美，稻穗寓意成果丰硕。中间由代表雅虎的 Y 和代表数字的等号组成一个人民币符号，代表财务与数据工作应该为企业带来价值。同事们是这样理解的："反正咱们钻到钱眼儿里就对了。"

4. 变生肘腋

就在小 R 刚刚在这家公司完整度过三年后不久，她遇到了在这里经历的最后一次，也是规模最大的一次组织结构调整 —— 雅虎中国宣布放弃资讯、邮箱和媒体广告之外的所有业务。集团安排了有媒体背景和资源的新任总经理，员工规模收缩至不足百人。数据相关的 BI 和 SDS 两个团队中的员工只留下了小 R 一个，其他同事要么被安排转岗，要么领补偿离职。

这次调整影响之大前所不及。消息发布后，小 R 什么都来不及想，就跟着忙起来，一边紧锣密鼓地帮着其他同事联系转岗机会，一边尽可能地按照常规的标准落实好各种离职交接文档。等到这一通事情折腾完，她才开始面对一个对她自己来说至关重要的问题：数据团队只剩她一个人，但所有的服务和生产并没有宣告停止。基于前期整个团队的工作成果，常规的数据生产、业务监控和基本的分析项目都还可以维持，但所有未完成的数据产品都没有人力再继续开发，更重要的是，数据仓库和数据产品如果出了问题，则无人维护。

并且，小 R 再次换了上司，财务总监女士被火速调任至集团，小 R 改为向公司的新任总经理汇报，可她还没来得及到新任总经理面前打声招呼，就遇上了一次重大的数据事故。小 R 说："那可真是个让新上司对我印象深刻的'好'办法。业务调整后公司的第一个重大项目就是首页改版，以前的很多服务要停了，首页一定得跟着做调整。但是一团乱糟糟的，新版页面的流量统计代码没装上，页面虽上线了，却看不到数据，于是我终于被挖出来了。总经理在急得火烧眉毛的时候，第一次知道了他手下还有个专门负责做数据的员工，听说他当时就吼了一句'要这个人有什么用？'"

这样的情况与小R之前的经历落差还真是有点大，我问小R当时是怎么处理的。她说："还能怎么办？赶紧抓着工程师把流量统计代码补上呗。数据出来后，再火速送一份对改版效果的分析和评价。这事其实怪我只忙着和离职的同事做交接，以前和这条业务线的同事合作也少，居然连这么个公司级别的项目都没注意。"到首页改版项目结束的时候，小R说自己在总经理心目中"终于变成了多少有那么一点用吧"。

这个项目结束后，雅虎中国仅余的这个团队渐渐找回了日常工作的节奏。小R接着之前的工作，盘点了一下手头的资源及中短期可能会遇到，但靠她自己无法解决的问题。毫无疑问，从长期来看，数据团队一定还需要补充具备数据开发能力的员工，不过至少在近几个月里，这件事情不会被提上议事日程。小R说："所以必须得火速抱紧转岗的SDS团队同事的大腿呀。"

几周之后，数据平台机群的一台服务器在执行常规任务时发生了一点小问题，导致第二天早晨值班的早班资讯编辑没能及时在数据平台上看到他们常用的报表。这种问题以前也经常发生，修复起来很简单。小R先找前同事帮忙重启服务，补算数据；然后在日报里把这件事情的来龙去脉与原因解释了一遍。她抓住这个机会，给总经理与各位业务同事第一次陈述了一个事实：要想数据服务稳定可靠，就需要有人来做运维。

这样的事情后来又发生过几次，都被小R用一样的办法解决了。不过因为是找人帮忙，所以遇到人家本职工作特别忙的时候，难免要被延后。偏偏资讯编辑做的又是争分夺秒的活儿，所以几次故障之后，小R向总经理建议："我们需要把雅虎中国的数据运维作为优先等级工作的技术员工。但咱们现在的工作量还填不满一个专职的数据运维。不如也像产品开发一样，要求集团提供固定的技术支持人员，这样至少可以名正言顺地要求对方保证时效性。"于是他们有了一位阿里云的同事做对口的数据技术支持工作。

在业务转型方面，总经理挖了某地方日报的一位副主编来做雅虎中国的总编辑，准备下水磨功夫培养资讯团队的选题和编辑能力。这位年近半百的主编，从传统媒体一路走来，做新闻对他来说一点不难，难的是怎么适应互联网，怎么把一群互联网资讯编辑培养成有新闻素养的媒体人。他很勤奋，每天从早上七点到晚上七点，带着团队从栏目架构、选题到排版、校对，一桩桩一遍遍地打磨，他也很乐意接触新鲜事物。小 R 第一次给这位主编介绍数据服务，选了首页点击热力图作为重点讲解的功能。从数据专业的角度来看，这是个很简单的功能：一个"长"得和首页一样的页面，每个标题上标出了阅读人数；点击阅读数，还可以分解到每小时的阅读人数。主编如获至宝，刚听个开头就开心地说："这个好啊，每篇新闻都能知道有多少人看了。我们以前做报纸，根本不知道别人喜欢什么内容。我以后就用这个教他们怎么选题，还可以检查工作。"被他这样训练了几个月，雅虎中国资讯团队气象一新。

小 R 看着雅虎中国逐渐找到了做资讯的感觉，开创了一批有特色的精品栏目，积累了一批高黏性用户。不久，有出版社主动找来，提出要把一些精品专栏的内容集结成书。而这个时候转型初期匆忙设计和开发出来的前台、后台工具渐渐成为发展瓶颈。经过大约半年的探索，大家也都体验到，由集团提供技术支持的效果不如全职团队的效果好，雅虎中国的管理层开始考虑扩充技术团队。小 R 把近几个月数据平台的故障和修复情况，还有她配合资讯团队近期发展需求设计的数据产品的新功能整理了出来，提出了招聘数据运维和开发工程师的需求。

那几个月小 R 没什么大的新任务可以做，几乎把所有的时间都用来帮助编辑团队从上到下用好数据产品。因为她确实用数据解决了不少日常工作中的问题，所以主编和总经理都肯听她说话，整个编辑团队对数据的重视程度也不言而喻，数据平台发生故障时，编辑比小 R 还着急。在这个背景下，招聘数据运维和开发工程师的提议毫无异议地被通过了。但真开始招人的时候，大家简直一筹莫展。

与要招聘的其他技术人员相比，数据运维和开发工程师的招聘难度确实更大一些。按照雅虎中国当时的规模，数据技术岗位最多只能招两个人，却要接手以前 SDS 整个团队的"遗产"——一个从收集数据到开发和运维各种数据产品的庞大系统。能满足这个要求的,只有在数据领域具备全栈开发能力的工程师。这样的人才即使在当今的招聘市场中数量都很有限,更不要说是在十年前。而且,雅虎中国的数据系统所使用的很多技术在当时算是国内业界比较先进的,招聘的难度自然更高。

就在这个时候,之前一直义务帮忙维护系统的 SDS 团队的前同事小 H 跑来和小 R 打招呼,说转岗之后做的事情与自己想做的不太一致,他已经找到了新的工作,以后可能没办法再帮忙了。这可真是刚想打瞌睡就有人来送枕头:小 H 几乎参与了雅虎中国本地数据系统搭建的全过程,而且是个善于交流和思考的工程师,经常给数据产品设计提出很好的改进建议。他本来就是小 R 心目中最理想的人选,只是因为雅虎中国当时前途莫辨,所以小 R 不好意思大力延揽。既然小 H 现在准备换工作了,那还有什么好客气的?小 R 火速把消息告诉给了人力资源总监(HRD)和刚到任的技术总监,三个人眼里冒着绿光,商量怎么把人留住。一番曲折,转年春天,小 H 回归雅虎中国数据技术团队。

之后,随着公司发展速度的加快,小 R 和小 H 又各自招聘了两个人。时隔一年多,雅虎中国的数据团队终于又正常地运转起来。他们根据业务团队的日常工作特点,在数据平台上增补和改进了一些功能,帮助提升工作效率和确认工作成果。不过,小 R 仍然主张把分析师的工作重点放在向业务团队推广数据产品,培养用户和加强用户的使用习惯上。

我问小 R 为什么决定这样做,因为团队配置完成后,他们已经有能力选择做一些专业度比较高、规模比较大的数据项目。而且随着投入资源的增加,公司必然会对他们有更高的期望。继续做这种运营支持型的数据服务,并不容易出彩。

小 R 点头,先给我来了句“这是一个好问题”。我笑她,最近转行当了老师,进入状态倒是挺快。小 R 自己也笑起来,她说:“没想到新的职业病这么快就到位啦。”然后才开始回答我的问题:“一来,公司给我们的压力不大。当时业务同事正好需要这个,我们也还能保持超越大家的预期一段时间。二来,在当时那种情况下,要出个大风头也很不容易。我们当时基本就剩下资讯和媒体广告了,资讯靠的是水磨功夫,需要的就是能深入到每天日常工作里去的运营支持型的数据服务。媒体广告业务要做好,不光得有自己的数据,还得接入广告主的数据。这块工作要做的话，得靠集团其他业务部门的配合。我们试着推过几回，但那时候那边正好有重大项目，挪不出人手配合。所以呢，是正合适干这个，也是只能干这个。"

停了一小会儿，小 R 又继续说："其实还有第三个原因，我相信基本的、用数据说话的能力，应该成为像办公软件一样普及的技能。分析师都想干那些'专业的''出彩的''成块儿的'活儿，可是业务呢，经常会甩给我们很多琐碎的小问题，比如，出个数、做个表、画个图什么的。不是人家诚心不跟我们合作，而是因为他们日常就被这些问题困扰，不解决掉小问题，人家没时间、精力去听我们说还有什么更好的东西。但是业务人员对数据技能也不可能都无师自通，所以这个问题，一靠数据产品好用，二靠数据团队教会大家怎么找数据、怎么用数据。也只有到人人都能搞定算数、做表、画图这些基础的数据分析工作的时候，数据科学行业才会进入真正的黄金时代。那个时候，这个想法刚刚成型。正好我们团队面临的环境也比较宽松，我就想试试能不能教会、怎么教效果更好，看看教会后怎么样。"

我问："那效果到底怎么样？"

小 R 回答说："没能等到完整的结果，但初步看，方向没有错。一来，我们专业形象很牢靠，重大业务决策和评价业务绩效都能说得上话。二来，我们基本摆脱了零碎需求，工作节奏很有规律。大家做什么大事之前，差不多都会记得过来招呼我们一起。但这件事没来得及真正做完，我就离开了。"

转年，小 R 拿到了阿里巴巴集团五年陈员工的纪念品。已经开展的工作在按部就班地进行，媒体广告部分的新数据接入仍遥遥无期，她决定开始一段新的职场生涯。"我跟大家说，'我能为雅虎做的，雅虎能为我做的，都已经做完了'。说这句话的时候，突然想起我第一任上司离职时候的话，这次是真的懂了他在说什么。"小 R 低下头，声音也低下来，"可惜之后没多久雅虎中国就解散了，我们都没机会看到如果这些工作真的都完成了，到底会给公司带来什么。"

小 R 在雅虎中国完成了从学校人到社会人的转变，体验了从一线员工到规划整个公司数据服务节奏的成长，她陪着这个团队从小到大，再到几乎消失，又从极小走到了无论是从效率还是从效果上来看都足可依靠的地步。她亲身体验了雅虎专业而活跃的工程师文化、阿里巴巴不断自我革新和内部创业的激情，见识了跨国公司如何管理资源和共享信息，也见证了行业的瞬息万变和阿里巴巴的快速发展。这一段经历，培养了她身为职场人和数据专业工作者的基本素养，也奠定了她对于工作价值的评判标准。小 R 说："在这里经历的事，我一生都不会忘记。"

5. 左支右绌

小 R 的下一份工作有两个选择。一个来自猎头，当时招聘网站在成熟人才领域还没什么建树，猎头主要靠人脉关系寻找候选人，人数远没有现在这么多，对于所从事的领域通常也都有非常深刻的了解。某大公司的商业产品事业部准备建立数据分析和产品团队，小 R 如果去，就负责整合各种数据源，研发各种供内部业务人员与客户使用的数据产品。另一个来自小 R 的研究生导师。老师兼任了一家刚刚走过创业初期的互联网广告优化服务公司的首席数据科学家，正在为它的算法团队招聘管理者。

小 R 选择了后者。第一个机会很好，厂牌、薪水、头衔都过硬，面试的时候她和老板相谈甚欢，工作内容与她过去的经历也很匹配。问题在于，这是一个和她前一份工作太过相似的机会，她能大致想象到自己会遇到什么问题、应该如何解决。小 R 对于把经历过的事情重新做一遍兴趣不大。而她的老师是一个非常聪明又肯下苦功的人，一直在尝试让自己的数据应用课程变得更加鲜活和实用。他选择了这家刚刚走过创业初期的公司作为合作伙伴，就是看重这里有第一手的数据和应用场景，而且需要依靠数据来实现与众多竞品的差异化。无论是互联网广告、算法团队还是乙方身份，对小 R 来说都是很新鲜的存在，她也相信老师挑选合作伙伴的眼光，于是决定加入。

为小 R 提供第一个工作机会的猎头，凑巧和她从同一所学校毕业，算是隔了专业的师姐。听到小 R 为了这么一个机会回绝了她，师姐简直是被气乐了。师姐劝她："你只在大公司待过，就以为所有公司都那样。你第一次换工作马上就找到了好位置，就以为选错了也不要紧。你不知道小公司是什么样的，等你知道了再想回大公司就难了。你要实在想去小公司，也得等在大公司积累够了，再去小公司做个副总呀。"

猎头师姐的话从一般的职场发展规划来看，确实是金玉良言，小 R 也的确很快就遇到了超乎她想象的问题。她碰到的第一个问题是招不到合意的人。习惯了雅虎人力资源（HR）提供的那种成熟的招聘服务，乍到创业公司，小 R 只觉得比以前劳心费力了好几倍，看到的候选人质量与她之前见惯的水准不可同日而语。小 R 焦躁起来，抱怨了两句。对接的 HR 已经把小 R 的要求当成第一优先级来做了，小心翼翼还没落好，也觉得委屈。小 R 慢慢和 HR 磨合，再加上和其他在成熟公司服务过的同事聊天，才渐渐琢磨明白原因：公司的规模和名气不一样，对人才的吸引力自然也有差别。

这道理说来简单得不能再简单，但若不是亲身体会，以小 R 的性格和阅历确实很难想明白。渐渐地，她发现这种由公司成熟度和知名度不同带来的差异，在工作中的方方面面都有所体现。公司规模小，每个人都要同时处理很多事情，员工流动性也特别高，她不再像以前一样能有充分的时间与固定的业务接口人培养起深厚的互信，因此必须学会迅速准确地找到双方的共同利益，才有可能达成合作。同时，一个不稳定的团队，也意味着大家做事的风格非常不同：与有类似背景的同事合作，往往能比较快地达成一致；与背景、习惯不太一样的同事合作，一般要从头开始商量做事的步骤、各自的职责、每一个动作启动和完成的时间点，几乎相当于重新梳理一遍流程。

小 R 的情绪就这样随着每天遇到的各种问题而起起落落，苦恼于自己做事为什么就是不能像以前一样漂亮又利落。"终于有一天，我向自己承认了：我在雅虎中国取得的成果，当然与我的能力和努力有关，但是更不可或缺的是品牌的力量、时势的成全，还有成熟的管理制度带来的各种助力。猎头师姐当时想跟我说的就是这个。"

我问她："那你后悔了没有？"

小 R 想了想说："当时主要是懊恼、不服气的那种，我就不信我做不好这个事情，没顾上想后悔不后悔的。"

我再问："那后来呢？"

她说："后来冷静下来，更不会后悔了。没有大公司的光环，没有丰富的人、财、物资源，没有那些职场工作习惯基本一致的合作伙伴，还要想办法把事情做成了，所以我必须学会把手上每一份资源的效力都发挥到极致。这真的是一种非常宝贵的能力，不进入这样的环境，我永远都学不会它，甚至无法理解这是一个什么问题。当然，掌握它的过程并不快乐，也很少会体验到成就感。偶尔会有点小进步让我开心，但永远还有新问题成群地等在那里。但当组织没有变得足够强大的时候，这个才是常态呀。"

6. 柳暗花明

度过了最初的、既怀疑自己又置疑环境的混乱阶段后，小 R 决定摸清她如今所在世界的真实面目。除以前在雅虎经常做的 —— 有事没事和业务合作伙伴聊聊天以外，她开始跟着销售人员拜访客户：从广告预算数以亿计的大客户，到在单元楼里办公的"家族企业"，甚至包括体量庞大的广告媒体公司，一路见下来，"简直跌碎了好几副眼镜"。实力雄厚的大客户，每年上千万甚至几个亿的预算花出去，但可能网站上基本的流量统计代码都没装全。规模和实力有限的广告主负担不起聘请专职广告投放人员的费用，互联网广告引以为傲的"效果"在他们手上难副其实，甚至连规模巨大的广告媒体公司，也存在数据按商业产品分隔而未能打通的问题。在这种情况下，从事广告优化服务的公司，疲于奔命地应付着客户的各种要求，多半还在靠着价格和客户关系维持生存。

总而言之，这是一个随时都在产生巨量数据，却缺乏应用数据产生商业价值的意识和能力的行业。小 R 仍然相信，数据的价值能得以发挥，前提是它在被尽可能多的人在日常工作中使用。但是当时她所处的环境显然不支持她照搬在雅虎中国的经验，公司的情况也不允许她从容地探索新的路径，她只能在紧张的日常工作中见缝插针地找机会尝试与修正。

有一次，小 R 的团队在无意中做出了一个特别受欢迎的"爆款"功能：广告优化师输入广告投入产出的各种相关原始数据，一键输出给客户汇报的日报、周报。在数据团队来看，这就是个"傻大黑粗"的活儿，"一键输出"的背后就是一段进行简单加工处理或汇总计算的程序，顶多说得上是描述性分析，根本沾不上算法的边儿。也就是他们当时正好有点富余人力，又赶上有个优化师因为原始报表数据量太大，导致每天都被 Excel 报表处理搞得焦头烂额，都快崩溃了，想离职，才顺手做了这么个功能。没想到整个团队因此受到了空前的认可，真是又开心又不甘心。

小 R 说："我们每天揪着头发研究怎么用算法实现自动优化，可是你知道广告效果这个东西模糊性太高，并不是所有人都追求同一个目标。一样的数据，不差钱的企业可能根本不看每次行动成本（CPA），而只要更多转化；花钱精细的企业呢，要的又是转化不能降，CPA 得一降再降。这个目标上的不确定性，让你很难把它做成自动化、半自动化的产品。而且就算是目标统一了，比如，都是要降 CPA，不同优化师的路径也不一样；基本无法找到一个所有人都认同的路径。但这种产品能被应用，首先得让优化师点头。所以特别难，算法本身就难，算法之外的部分更难。"

"所以优化师其实不怎么喜欢跟我们'玩儿'的，因为我们一出现就意味着要他们配合做算法结果的测试，我们额外给人家增加工作量了。只有这次这个'一键出日报、周报'的功能，是给人家省力气的，所以受欢迎了。不夸张，有时候优化师一天的大部分时间都用在 Excel 里拼数据了，客户还经常变格式要求，加倍麻烦。所以，环境虽然变了，从大公司到了小公司，但是合作的逻辑没有变，得解决人家的问题，人家才会有时间听你想干什么。这说起来简单，没逼到那个份儿上，总差一层。我们跟优化师团队就从这儿开始，才真正进入'合作'的阶段。"

小 R 后来盘点自己在这里的经历，她说最大的收获是开阔了视野。"以前以为所有公司都像雅虎和阿里巴巴，但其实我在第二家公司看到的情况更有代表性。很多企业还停留在数据应用的早期阶段，比如，没有收集数据，或者收集到的数据质量不合格。还有的企业对数据工作没有明确的目标，有的把问题想得太简单，除了做几张图表想不出来还有什么可干的；有的又一下子想太多，动不动就大数据、人工智能，嫌基础工作没意思。还有很多规模比较小的企业，觉得数据太复杂，就不是我们能干的事。"

这些问题在业界确实广泛存在：2013 年"大数据"概念爆红，2014 年这个概念被写入了政府工作报告，数据类的职位如雨后春笋般冒出来，从互联网行业和一线城市迅速扩展到其他行业和地区，相关岗位的薪资也快速攀升。一方面企业和猎头都抱怨数据人才难招，另一方面领着高薪的数据人才又经常觉得自己干的工作不够"高级"和"专业"，没什么成就感。小 R 对此的看法是："我们首先得对数据和数据的价值有合理的预期。"数据有价值，需要有个完整的生产线：首先要生成和获取数据才能有数据可用，接下来要确保收集到的数据质量过关才有可能基于它们得出正确的结论，之后数据还要以便于应用的方式被加工成半成品，最后才是我们提到这个领域的时候通常会想到的数据分析、算法、数据产品等。

小 R 举了老东家做例子，说："阿里巴巴这样的'巨无霸'，从 2012 年任命第一位首席数据官（CDO），到推出'数据中台'的概念和服务，也用了五六年的时间。要通过数据提升业务，基础是用数据把整个业务流程表现出来，所以业务有多复杂，数据就有多复杂。这里面的基础工作是绕不开的，无论是企业还是从业者，都不能期待数据是立竿见影的'仙丹'。"停了一下又补充道："当然，这不是说得先花个几年做基础工作，才能看到结果。工作规划得合理，打基础和做应用可以同时进行，不过需要有应用逐渐深入的过程。"

从这个阶段开始，因为行业的变化和自己在招聘及人才培养的过程中遇到的问题，小 R 开始经常考虑业界到底需要什么样的数据人才的问题。这些思考直接促成了她在几年后加入了一家数据科学教育公司，转型做老师。不过在那之前，她先去了一家电商公司。"因为移动互联网时代到来了，我想去体验一下移动互联网产品的数据分析。"

7. 重新出发

这一次换工作，小 R 正好 35 岁，她感受到了招聘市场对于年龄的不友好。工作十年，她自认行业经验、专业能力、管理水平、执行力与创造力都渐入佳境，刚进入职场人的黄金时代。然而在有些公司看来，35 岁的标签似乎比所有东西的分量都重。小 R 想，是因为这个行业发展得太快了吗？人人都在说数据，但对于数据和数据人才能够为一个公司带来什么价值，业界还没来得及为这类人才的能力和成长阶段下一个清晰的定义。如果在数据这样成熟人才供不应求的行业，年龄的限制都不可避免，她不知道在其他相对稳定的行业，这个问题会不会更加严重，以及对年龄的限制是不是会更往前提。

行业极速发展带来的另一个问题是对于唯快不破的迷信与曲解。互联网行业万众创业，商机层出不穷，但每一个领域都挤满了竞争者。对任何一个企业而言，机会都是稍纵即逝的，而失去一个机会也许就意味着彻底失去了生机。在如此激烈的竞争环境中能够好好活下来的公司，必然要能做到快速应变。不过速度只是成功的必要条件，而不是充分条件，毕竟如果方向反了，跑得越快，结果会越糟。但是在一个充满了不确定性的市场中，要辨别方向是一件多么困难的事情，越来越多的公司把宝押在所谓的"快速试错"上。而达到快的方法就是延长工作时间，明确要求"九九六""大小周"的公司并不鲜见；没有明确要求的公司，员工一天待在办公室的时间也经常是十个小时起步。加上通勤时间、睡眠时间、处理个人事务的时间，每天留给一个人在专业上进行思考与提升的时间趋近于零。

小 R 说："我可以理解这个想法，但是无论从哪个角度看，这都应该是一个权宜之计，而不是真正的解决办法。"对于从业者而言，在这样变化莫测的行业里，没有对知识和技能的沉淀更新、对行业发展趋势的观察、对过去的总结反思，意味着他们只能消耗之前的积累，难以进步和提升。而对于公司而言，一个疲于奔命的数据团队，也许可以做到及时地支持内部客户提取数据的需求，却很难超出业务团队已有的思考框架，发挥出数据的真正价值。当整个市场都在以这种方式工作的时候，从长期来看只能是双输的结果。

小 R 入职的这家电商公司，在这两个问题上都很典型。从早到晚似乎永远有各种开不完的会，数据分析师来了又走，基本没有交接和成果沉淀，历年积累下来的数据中存在各种质量问题，数据团队和业务团队之间的合作关系令双方都无法满意。小 R 入职的时候正赶上前一批分析师都离职了，"我本来以为自己要处理空降的问题，没想到却是招新"。行业的这个趋势和公司的情况给小 R 的思考带来了新的角度。她说："我在想我能为改变这个现状做点什么。"她一直明白自己只是千万人中的一个，却也一直相信也许自己无意中的某个行为会引发蝴蝶效应。

在一年半的时间里，小 R 理顺了电商的业务问题和无线互联网的数据逻辑，重新建立起一个数据分析团队，与业务团队一起磨出了一套双方都认可的常规业务数据分析框架。之后，当业务基本认可了数据分析团队，开始提出越来越多的需求时，小 R 决定结束这份工作。她自嘲，之前那么稳稳当当一做就是五年，没想到人到中年反倒开始轻狂折腾。她年纪又大了些，但所幸挑选工作机会的余地还很充裕，只是她都不怎么有兴致 —— 它们和她之前做过的、经历过的实在太像。这些事情在经历过刚刚结束的那份工作之后，对小R已经完全不具有吸引力，小R不想在一件已经不能让她燃起热情的事情上再消磨宝贵的时光。

这一次，因为那个一直在思考的、关于数据人才成长的问题，小R选择了一家还处在起步阶段的、专注于为企业和数据行业从业者赋能的教育科技公司，转型去研发数据科学类的实践课程。这是一家小而美的组织，人员精简干练，没有冗余的事务性工作。她在这里可以专注地尝试着把自己过去的经历具象化为各种教学资料和课程，帮助那些即将或刚刚进入职场从事数据分析工作的年轻人，让他们学习使用自己学过的各种知识来解决实际中会遇到的各种问题。我问她薪水降了不少是不是真的，她笑着说："是真的呀。我们公司还在起步阶段，钱不富裕。可是我很开心。这件事有意义，这种工作方式我也很喜欢。"

虽然情况看起来不错，不过小R并不敢保证他们的未来能有多么光明，她其实很少去想这件事。她说："我学的就是统计学专业，所以我知道世界上任何事、任何程度的努力都逃不过概率。即使我们做的事是好的，做事的方式也是对的，也有可能会遇到走不下去的时候。不过和这种每天早上起来去上班的时候都会觉得很期待、很开心的状态相比，这点不确定性的困扰可以忽略不计。"

我祝小R顺利，顺便请她为我们推荐一些同行。她想了想，先推荐了一位，叫吴形。"他是我的校友和同行，经验更偏向数据技术。我们在人才培养方面观点很一致，不过他比我还早走一步，在前一家公司里做数据科学家的时候就坚持每周给人讲课，全公司的人见了都叫他'吴老师'。"想了想，她又介绍了一位在教育培训机构做首席数据官的陆哲，"陆哲先生工作的前十年，工作日每天晚上两个小时、周末半天，是固定留出来学专业知识的。对自己这么有职业发展规划并具有执行规划能力的人是我这些年所见的第一位"。

02

数据助力创业企业成长

吴形　创业公司首席数据分析师，曾从事数据咨询工作，作为企业数据工作的负责人，推动了企业数据文化的建立，搭建了数据平台，推动了风险运营的数据化，后赴美访学。

1. 听从初心

多年之后，吴形依然记得那个下午，那通陌生人打来的电话。

"吴形先生，我是猎头 Flora，我们在帮 Squrio 公司招聘首席分析师，您在这方面有很多经验，要不要考虑一下？"

"我目前还没有换工作的打算，我考虑一下再联系您。"吴形不知道 Squrio 是一家什么公司，这是他本能的回答。

随后他在网上查了一下这家公司，Squrio 公司为商户提供移动支付方案，用手机就可以实现信用卡快捷支付，刚刚拿到了知名风险投资（VC）的 A 轮融资，公司目前 100 多人，正在快速发展。刚进入 A 轮融资的企业，找一个专职的数据负责人是比较少见的，这让吴形有一些好奇。

吴形其实有一些心动，因为工作近四年，他也有一些自己的困惑。

他毕业后在一家数据咨询公司做数据建模服务和咨询工作，服务的也是工商银行、建设银行这种大公司。工作后发展还算顺利，第一年做分析师，学习数据处理、建模这些基础技能，参与项目建模工作，每天面对的都是行业中大量的数据，数据的清洗、诊断、汇总都要从头开始，最后建模、验证，生成模型报告，密集的项目帮助他迅速提升，工作一年多，他就作为项目经理带领团队为大客户提供服务，也有了一定的管理和沟通咨询能力。

但是在银行这种大企业，模型做完，生成了报告和模型文档，具体部署落地还要找另外的系统部门实施，建模团队在实际落地的时候就不能参与了，很有可能最后这个模型都没有投产，或者投产了企业也没有真的按照具体数据结果去做，最后产生了多大价值谁都不知道。

吴形虽然有这些困惑，但是工作也比较正常，没有特别想换工作的想法，但既然现在有个机会，那就去见见也好。

面试吴形的是 Squrio 公司首席执行官（CEO）老莫，老莫比吴形大十多岁，是二十年前就参与了信用卡在中国推广的老手，在外企工作多年，现在创业做了Squrio，也是看到中国移动支付的机会，行业发展得非常迅速。

老莫有多年的外企金融经验，知道数据对于金融类企业的作用，无论是国外的摩根大通还是 Capital One，当年都是靠数据化从行业中脱颖而出的。所以在进行了A 轮融资后，Squrio 就开始寻找数据分析的负责人，而且对于这个职位也有很高的期望，希望任职者能够帮助企业快速、健康地成长。

双方谈得非常愉快，老莫为人爽朗，非常有个人魅力，吴形在专业上也没有问题。了解公司情况后，吴形还是非常看好这个快速发展的行业，而且数据这个工作非常需要一把手的支持，有老莫这样的领导支持，吴形觉得这是个实现自己数据理想的地方，于是加入 Squrio 公司，成为该公司的首席分析师。

吴形笔记

◆ 两份工作各有特点，优缺点对比如表 2.1 所示。

表 2.1

工作	优点	缺点
现有工作	工作内容熟悉 客户认可，人际关系和谐 可以接触到更多类型的业务 工作稳定，风险低	无法接触实际业务流程 只接触数据分析，无法影响后续应用 无法学习从数据到价值的完整流程

工作	优点	缺点
Squrio 公司提供的工作	CEO 理解数据的价值，提供支持 参与数据到价值的全流程 企业快速发展，对数据需求强烈 创业公司可能有高回报 收入有基本的保障	创业公司不稳定 新的人际关系需要适应 业务可能有很大变化

◆ 也许是时候做一些转变了，从职业生涯的长远发展考虑，还是要真正了解数据分析工作的价值。Squrio 公司提供的工作，会有挑战，但是也有机会获得更多经验，现在还年轻，还是要多试一试！

2. 困难重重

加入公司之前，吴形也想到会有很多困难，毕竟行业与原来的有所区别，同时初来乍到，能不能和各个部门的同事和谐相处，也是个未知数。吴形还是有一些思想准备的，但是实际的困难比他预想的要复杂得多。

一天老莫把吴形叫进办公室，指着一份数据报告说："你看看，这就是你们团队给我的报告？"老莫的语气有些严厉。

"我看到最近的交易量有所下降，就叫小白分析了一下。你看看这个报告，什么都没有告诉我，这么多数字，这么多维度，这么多图表，也没有结论，我看了有什么用？对我的决策没有任何影响，这工作一点价值都没有！我也理解你们人手比较少，大家也比较辛苦，但是这种质量的报告纯粹是浪费人力！

"你在公司里负责数据工作，与你做咨询服务不一样！不是只接受各个部门给你的任务就行了，他们提出的需求可能都不对，各个业务的老大都盯着自己的KPI，可能都想不到数据对他们有什么用。你不仅要管理你的团队，还要影响这些老大，要不你辛辛苦苦付出也没什么成果。我当初找你来，肯定不只是让你来出出报表的，你来这儿的初衷应该也不是这样的吧？需要我支持的我会支持，但是你要主动改变自己的思维方式，去争取机会。"

回想那几个月的经历，吴形开始慢慢理解当时的处境。创业公司与原来的大型机构的业务性质不一样，创业公司是在极不确定的情境中寻找问题的解决方案，期望最终找到一个可重复的、可扩展的、可盈利的、高增长的商业模式。所以，业务形式变化非常快，三个月前的业务，可能现在就变了。业务团队目前对于数据需求，也是希望快点看到业务汇总，给不同的上下游出结算数据，基本上没有什么深入分析的需求，这也在情理之中，不能要求每个人都是非常理性的，更何况大部分人对于数据的理解就是将数据汇总起来算一算，没法强求业务部门对数据有更深入的理解。

各个数据团队招人都非常困难，创业公司更加困难，吴形来的时候几乎是个光杆司令，之前一个数据库的管理员，人们叫他大刘，他负责出一些具体的数据，通过邮件发给大家。后来招了一个有一年经验的数据分析师，人们称他小白，他负责提供即时的数据分析汇总工作。

为了应付各种数据提取的需求，大家工作到非常晚，但还是每天疲于奔命，来不及更深入分析。这次也是，老莫让小白做分析报告，吴形也没有深入想，就让小白发过去了，结果可想而知。

吴形之前工作还算顺利，抱着憧憬而来，遇到这种情况，心中难免有些失落，甚至有些懊恼。但是事已至此，抱怨也没有用，必须自己先做出改变。

吴形笔记

◆ 我目前的工作状态和管理层的期望是有差距的。

①管理层希望我：改变现在的局面，推动数据分析落地，影响公司中的其他部门。

②我的工作：被动地接受需求，只限于满足业务的现有要求，没有改变现状。

◆ 结果是数据团队非常辛苦，效果不显著，也没有产生足够的价值。

◆ 要主动出击，建立影响，从改变自己开始。

3. 思维转换

要先解决眼前的危机，吴形叫来小白，一起分析最近交易量下降的问题，先解决老莫的这个疑惑再说。

"我看了最近的数据，服装类的数据下降了。咱们商户中服装类的比较多，这个季末，很多商户暑期都休息了，等换季再入新货，应该是个正常下降吧？"小白说出了自己的观点。

小白说的的确没错，吴形前一周还去南京出差，亲自到商户集中的大卖场做访谈。很多家都关着门，一问才得知都出去旅游了，过两周回来开始忙活秋冬的进货，那是一年中交易量最大的时候。

"还有没有别的原因，你看看各省的对比图（见图 2.1），好像江苏的下降比较多，为什么？"吴形注意到一些不同的情况。

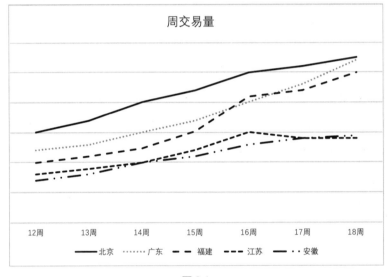

图 2.1

"这个还真不知道，咱们问问负责江苏代理商的勇哥吧，看看有什么情况。"小白反应很快，拉来隔壁的勇哥询问。

"江苏、广东、福建一带竞争比较激烈，最近江苏的新代理商增加得比较慢，还有很多代理商的商户被其他支付竞争对手逐渐抢走，不在我们这里交易了，所以就下降了，还要加紧招代理啊！"勇哥有些激动，业绩压力对他们来说也是蛮大的。

吴形心中一动，这样说来，那些没有下降的省份，比如，广东、福建，可能存在这种情况：已有商户被别人抢走，只是新增得比较快，所以交易还在增加。这让吴形想起原来在银行分析存款客户的情景，很多分行、支行也有存款指标，不断地到处拉存款，但是很多存量客户被别的银行拉走，如果可以保住存量，那么总业绩会有很大的提升。

"小白，你分析一下各个省里不同商户的交易量变化情况，我觉得这里面有很多信息可以帮助勇哥他们。"

小白分析之后，发现情况比他们想象的还严重，在业绩总体增长的广东、福建也暗藏着汹涌波涛（见图2.2）。很多曾经交易量非常大的商户，后来交易量逐渐下降了，因为代理商只能看见交易总额，不断发展新商户，总额在上升，收益增多，他们也高兴，所以没时间注意深层次的问题。

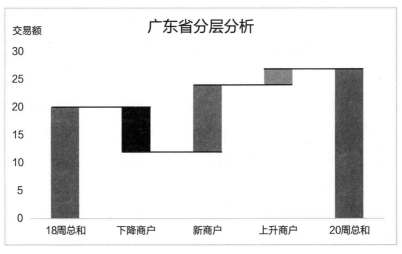

图 2.2

找到这些问题，吴彤向老莫做了解释。老莫理解了这个情况，但又提出一个问题："接下来我们能做什么？"

吴彤又做了一件事：他先让小白对不同的商户进行跟踪，找到下降的趋势，对于下降明显的商户，由大刘设置提醒邮件，发给区域负责人，及时提醒代理商去找商户沟通并进行维护。其实很多商户流失就是由于某些问题没得到解决，对手乘虚而入。及时沟通、解决问题，这些商户就保住了。交易量提升了，代理商、商户都满意了，三方共赢。

这次的危机也给吴彤带来了一个契机，将数据用到了实处，驱动了业务的决策，这个模型可能非常简单，就是一个指标，但是也能指导代理商的行动，比没有这个指标效果要好得多。

初战告捷，吴彤还要找到更多场景，让全公司都能理解数据、用得上数据。

吴形笔记

◆ 问题也是机会，问题是业务急需的场景，解决得好就可以帮助数据部门建立影响。

◆ 数据的价值在于决策场景，数据只有减少了决策的不确定性，提高了决策的质量，才能产生价值，不能对决策产生影响的数据分析没有价值。

◆ 数据分析不能只停留在报告层面，要融入企业流程，让业务根据数据的变化来改变，才能实现数据驱动。

4. 理念推广

这天吴形找到老莫，说："我想在公司里组建一个数据小组，让各个部门的年轻人、想学数据分析的人参加，我给他们讲讲课，教他们一点数据方面的知识和技巧。他们工作上也用得着，自己部门的一些工作也可以自己分析。"

"可以啊，需要我帮你做什么？"老莫问。

"需要你帮我站个台，各个部门同事过来学习，最终还是要帮助他们自己部门，但是毕竟还需要各个部门的老大同意和支持，CEO 对这件事的肯定，还是非常有必要的。"

吴形想做这件事，有他自己的考虑。一方面，数据组的人手实在太少，如果各个部门有个懂的人，很多工作需求自己部门可以消化一些；另一方面，要建立影响力，让各部门的人帮忙，也要有些互惠的动作，给大家贡献一些知识，未来总会有收获，而且推广数据的理念在任何时候都应该持续地做。当然，这种事情，一定需要得到最高层的支持。

在老莫的支持下，吴形开始了每周备课、讲课的工作。每周在繁忙的工作后还要备课，的确是件痛苦的事情，但是也有很多的意外收获。

(1) 白老师的 Excel 课

一天中午，吴形由于要回一封紧急邮件而耽误了时间，没有和大家一起出去吃饭。回完邮件往外走时，吴形路过账务团队的座位旁，看见账务团队的几个同事都没有吃饭，在埋头对着电脑忙碌。

其中一个同事小林和吴形比较熟，吴形走上去开玩笑地问道："今天怎么集体减肥，都不吃饭了？"

"没有啦，上午账务有几张卡的款出错了，我们在将对方账和我们账对比呢。那么多交易，这么多 Excel 表，我们分头行动，希望能早点找出来，否则会影响今天的结算！"小林疲惫又无奈地说。

在 Squrio 这种创业公司里，业务发展太快，有些业务还没有非常完善的后台系统，很多时候需要 Excel 操作。小林她们这几个账务团队的姑娘，平时事务都排得满满的，一遇到紧急情况只能加班加点，饭都顾不上吃了。

"我看看什么问题，需要这么麻烦。"吴形觉得这不是个复杂的问题，Excel 功能很强大，还要人工一行一行地找吗？

小林说："你看，那是对方给我们的卡的交易，这是我们导出来的交易。我想找他们的交易里哪个卡没在我们这儿出现过，我只会两边排序后，一个一个对着找，眼都看花了，老怕出错又检查了好几遍，还没找到。"

"这个可以用 VLOOKUP 函数找，我给你举个例子。"吴形打开了一个新的 Excel 文件，输入两列数字（见图 2.3），给小林讲了起来。

card_num		card_num2
62260446050292	=VLOOKUP(A2,$C$2:$C$25,1,FALSE)	
62260550523217		62260599684204
62260877641783		62260053939239
62260567682203		62260992747392
62260831655191		62260830663368
62260781970961		62260992531605
62260961181699		62260869238420
62260736042631		62260775911967
62260488349296		62260446050292
62260181177484		62260550523217
62260830751311		62260877641783
62260680326867		62260831655191
62260580183836		62260781970961
62260108408448		62260381727703
62260263260901		62260691741915
62260732827564		62260961181699
62260381727703		62260736042631
62260691741915		62260488349296
62260935071106		62260181177484
62260599684204		62260830751311
62260053939239		62260580183836
62260992747392		62260108408448
62260830663368		62260263260901
62260992531605		62260732827564
62260869238420		
62260775911967		

图 2.3

"你看这是两列卡号，假设 card_num 是对方的卡号，card_num2 是我们的卡号。你希望在左边的这列里找到那些出错的卡号，这些卡号没有出现在右边这列里，是不是？"吴形一步一步地开始讲解。

"这时可以用 VLOOKUP 函数（见图 2.4），针对左边的某一个卡号，让计算机帮你在右边的这列数据里查找。咱们看看这个函数的参数怎么写，第一参数 A2 就是被寻找的目标，就是图 2.3 第一列里的数字；$C$2:$C$25 是指要寻找的区域，就是图 2.3 第三列里的数字，单元格的位置就是 C2 到 C25，用 $ 做前缀是为了在批量复制时比较方便；后面的 1 代表取 C2 到 C25 这片区域的第一列；最后的 FALSE 代表要精确地查找，一定要是完全匹配的数字。"对于各个参数，吴形解释得很详细，小林的同事也凑了过来。

=VLOOKUP(A2,$C$2:$C$25,1,FALSE)

图 2.4

"然后按回车键，把公式复制到每个要找的数字后面，这样就可以查看哪些是特殊的了。"吴形把公式复制完，所有结果一下子就出来了，如图 2.5 所示。

card_num		card_num2
62260446050292	62260446050292	62260935071106
62260550523217	62260550523217	62260599684204
62260877641783	62260877641783	62260053939239
62260567682203	#N/A	62260992747392
62260831655191	62260831655191	62260830663368
62260781970961	62260781970961	62260992531605
62260961181699	62260961181699	62260869238420
62260736042631	62260736042631	62260775911967
62260488349296	62260488349296	62260446050292
62260181177484	62260181177484	62260550523217
62260830751311	62260830751311	62260877641783
62260680326867	#N/A	62260831655191
62260580183836	62260580183836	62260781970961
62260108408448	62260108408448	62260381727703
62260263260901	62260263260901	62260691741915
62260732827564	62260732827564	62260961181699
62260381727703	62260381727703	62260736042631
62260691741915	62260691741915	62260488349296
62260935071106	62260935071106	62260181177484
62260599684204	62260599684204	62260830751311
62260053939239	62260053939239	62260580183836
62260992747392	62260992747392	62260108408448
62260830663368	62260830663368	62260263260901
62260992531605	62260992531605	62260732827564
62260869238420	62260869238420	
62260775911967	62260775911967	

图 2.5

"天哪，是不是这两行没有找到的就是特殊的？"小林和同事们都很惊讶，原来可以这么简便地把工作做完。

"是的，这样你们就不用一行一行地找了，你们先用这种方法把今天的工作做完吧。Excel 很强大，可以干好多事情！"吴形有点小兴奋，一方面是看到可以帮助同事们，另一方面他也想到一些很好的场景，可以趁这个机会让大家体会数据技巧的好处。

当天下午吴形就找小白，商量如何给同事们培训 Excel："今天中午我和小林聊，发现很多同事不知道 VLOOKUP、MATCH，以及相对引用，网上有很多 Excel 课程，但是他们也没时间学，你看怎么给他们培训一下 Excel 的操作方法？"

小白想了想说："你看这么办怎么样？我向同事们了解一下平时用 Excel 的场景，看看都是什么工作最占时间，然后挑选最有用的一些函数和方法交给他们。他们能在实际工作中用上，是不是更有兴趣学？"

"好啊，这就要辛苦你了。能帮到同事们，大家就更相信咱们数据组的价值了。这些都是小事，但的确是他们每天最头疼的事儿，这个搞定了，他们感触最深！"

"好，一定完成任务！"小白自信地说道。

小白的确成长了，能从用户的角度出发，解决这个问题，这正是每个数据分析人要学会的根本技能。这些工具、方法、技术，只有用到实际的工作场景中才能发挥作用。

有一天小白找到吴形："吴老师，我发现讲课这个事儿还真不容易，好多命令原来我也是懵懵懂懂的，比如，MATCH 这个函数，其实咱们数据组用得也不是很多，但是账务那边需要核算查找，好多地方用得上。我好好看了看帮助文件，原来还有那么多种 MATCH 方法，要教会他们，首先我得学得透彻才行啊！"

吴形觉得突然间找到了知音："的确是，的确是，我也发现，不讲不知道，一讲才知道自己不知道，还真有个文章说过这个事儿，好像是说各种学习方法中，转教别人的学习效果最好，我搜搜那个图啊。"吴形在搜索引擎里找到了那张图片，如图 2.6 所示。

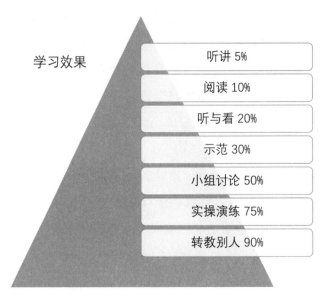

学习效果

听讲 5%	
阅读 10%	
听与看 20%	
示范 30%	
小组讨论 50%	
实操演练 75%	
转教别人 90%	

图2.6

小白看到这张图有点兴奋："对，就是这张图，我也看过相关文章。你看，阅读只有 10% 的学习效果，转教别人就能达到 90%。有句老话叫'教学相长'，就是这个道理吧！"

"我看过费曼的书，里面讲过一个非常有意思的学习方法。第一步：选择一个你想理解的概念。第二步：想象你要教别人这个概念，你说得清楚吗？第三步：如果你感觉不能用简单的几句话说清楚，就说明你还没真正理解这个知识点，就要回到第二步；如果可以做到，就进入第四步。第四步：用更简单的语言讲出这个概念，一直到你真的理解这个概念了。这就是用输出倒逼输入，更好地学习，咱们都要继续努力！"

小白的这门 Excel 课后来变成了一个独立的单元，是新人进入公司都要学的第一节数据课。很多同事都是因为这个课认识小白的，小白不再是"小白"，大家都称他白老师。

（2）原来 Python 还可以干这个

吴彤毕业后，服务的客户主要是银行、保险公司这种大型金融企业，使用的工具是 SAS。但是作为创业公司，没法买这么贵的软件，而且要跟上机器学习算法迭代的步伐，需要选择新的工具和平台。对比了 R、Python、Java 等语言和平台，最后选定了 Python 作为整个团队统一用的语言，方便协作。

Python 语言里关于机器学习相关的内容非常多，自学也非常方便。Python 的基础机器学习程序包 scikit-learn 很友好，容易上手。scikit-learn 包的帮助文档非常好，不仅有库函数的介绍，还有机器学习相关算法的介绍，是个很好的入门教程。包括 TensorFlow 等深度学习的平台都有 Python 调用的接口，很容易上手学习。

吴形在传统金融行业工作多年，对 SAS 工具很熟练。但是进入创业型的公司，要用 Python 也要跟团队里的小伙伴们一起从头学起。借鉴小白老师的经验，小组制订了一个计划，每个人不仅要自己学，还要给公司的同事讲解，每周在公司开放的大会议室里，做不同主题的分享，向公司内部开放。每周在网上发出通知，公布讲座题目，所有感兴趣的同事有时间都可以听。

除分享 Python 的基础语法以外，还会分享 Python 做机器学习的一些实例。在介绍一些基础 Pandas 模块时，来的人比较少。Pandas 模块是数据处理模块，就是把数据像切菜一样横切竖拼，这些工作对于数据建模非常重要，但是外行的人会感觉非常枯燥。偏业务线的人觉得编程有点难，来的人很少；而负责软件开发和测试的同事，平时也用 Python 做开发，觉得这些都是基础知识，兴趣不大。介绍到机器学习的模块时，有些负责开发的同事就也来了兴趣，想看看平时每天做软件开发的 Python 能弄出什么神奇的花样。

要介绍机器学习算法，就要从最基本的模型分类讲起。吴形给大家看了一张图，对模型的分类做了基本的介绍："机器学习算法，最主要的两类分别是监督学习算法和无监督学习算法。"

刚说到这儿，开发组同事木木开口问道："监督学习是不是你得守着电脑，机器才能学习；无监督你就可以走开，喝杯咖啡它自动就做完了？还是无监督的高级啊！老板们喜欢无监督学习的，不用管就出活儿。"同事们听了哈哈大笑起来。

吴形也觉得挺有意思，不过还是要把正确的观念给大家说清楚："其实有监督和无监督在机器学习领域有它特定的含义。有监督就是你既要让机器知道现象，也要让机器知道结果，机器才能学习；无监督学习不用给出结果，比如，我的小朋友现在四岁，他学习周围世界就会用到这两种方法。"说着，吴形在屏幕上投出了一张猫和狗的照片，如图 2.7 所示。

python数据分析的参考书籍： 《利用Python进行数据分析》 《机器学习实战》 《机器学习系统设计》 《集体智慧编程》

```
import numpy as np
import pandas as pd
import matplotlib.pyplot as plt
%matplotlib inline
import seaborn as sns
import sklearn.cross_validation as cross_validation
```

图2.7

"如果哪天遇到一只狗，我告诉我的小朋友，这是狗狗；遇到一只猫，我告诉他那是猫猫。很多次之后，他慢慢总结出狗狗和猫猫的特征，再见到一只猫过来，他就和我说：'爸爸，猫猫！'这个很神奇，因为狗有很多种，猫也有很多种，小朋友通过一些我告诉他的例子，就能区分出猫和狗，小朋友的脑子里就会建立猫和狗的特征模型。如果通过机器学习来建立这样一个模型，需要大量的有标注的图片，告诉机器哪只是猫，哪只是狗，机器才能慢慢学会区分猫和狗。"吴彤的例子非常贴近生活，业务组和开发组同事们一下就理解了。

"而无监督学习，就是我不告诉小朋友那些狗狗的品种，但是小朋友见得这些动物多了，会慢慢发现这些动物是可以分成很多组的。比如，他看到一只小泰迪，就会说这个与妞妞、琪琪家的狗一样。虽然这只狗和妞妞家的泰迪颜色、大小都有点不一样，但小朋友还是可以提取一些特征，把它归到'妞妞、琪琪家的狗'这一类。

"不同的小朋友对于分法会有不同，因为每个人关注的点不同，有的用颜色区分，有的用形状和大小区分，但是基本概念都是希望每一组的动物比较相似，而不同组里的动物尽量不太一样。

"机器学习也是这个思路，可以把东西分为很多类。比如，咱们的客户行为也是不一样的，有的天天都有交易，但是数额很小；有的一次额度很大，但是交易次数很少。我们就可以按照每次平均交易金额和每月平均交易次数把它们分成很多组，看看到底有什么特性。"

"哦，原来如此，这些事情 Python 都可以干吗？我也想试试，我们用 Python 主要是开发功能，实现产品需求，你这个还能从数据中找出规律，太神奇了！"木木思维活跃，对这些新鲜事物兴趣浓厚。

"我看你这 Python 的界面怎么与我们的开发界面不一样啊，你这个是在浏览器里吗？"木木好奇心非常重，这个细节他也发现了。

"这个是 Python 里面的 Jupyter Notebook 界面，它有个计算服务器，用浏览器连过去，就可以在浏览器里进行编程、建模，可视化地工作。其实计算都在服务器上，还可以写 Markdown 的文档，这个教人学习特别方便，我们组里就用这个一起学习，这个 Notebook 可以直接下载，你拿回去就可以在上面运行代码了，GitHub 上有很多现成的 Notebook 可以参考。"看到木木很感兴趣，吴形连珠炮似的介绍起来。

"嗯，我也试试，有什么参考资料吗？"木木紧接着问。

"你看这个 Notebook 里链接了一些书，包括数据处理和机器学习类的书与参考资料。scikit-learn 包的官方教程也不错，非常全面，可以参考。"

在准备讲座时，吴形就在文档里加入了这些资料的链接，没想到还真用上了。吴形的目标就是让更多的同事理解和掌握数据分析建模的一些技能，所以事前做了很多准备。

Squrio 公司的开发工程师使用 Python 做开发，数据团队的分析师也是用 Python 做数据处理和建模，自然在工具上没有障碍，在开发某些后台功能时，可以与数据团队更好地衔接。非常有兴趣深入钻研的同事，也会一起参与数据团队的工作。开发工程师学习了之后，也觉得自己的能力扩展了，团队稳定性更高了。

（3）正确使用数据做决策

除了从事具体业务的同事，吴形觉得各个团队的负责人也是数据工作的关键人物。各个团队负责人最重要的工作就是做各种决策，包括方向性的决策和操作性的决策。相比传统成熟行业，创业公司的决策场景会有更多的不确定性，创业就是在试错，更需要用数据帮助团队做决策。

各团队负责人很多时候都是数据的消费者，首先是要学会看报表。比如，Vintage 图、留存率图这些报表，一开始不是特别容易理解，要细致地一点一点给他们讲明白，还要讲出意义。

更紧要的是，大家不太理解数据到底有什么用，花了这么多钱雇团队、买机器、收集数据，到底怎么衡量这些付出的价值呢？

在一次分享中，吴形举了一个简单例子给大家说明了这个问题。"假设有 100 个人来找你借钱，每人借 100 元，你知道这 100 个人里有 10 个人不会还钱，但是不知道到底是哪 10 个人，你愿意借吗？"

"要是有利息，就可以借，多收点利息不就结了！"运营部的老许一语中的。

"老许说的没错，假设每个人收 15 元利息，因为借钱的人中有 90 个人会还钱，你可以收 1 350 元的利息，10 个人不还钱，赔 1 000 元，最后赚 350 元。如果只借给其中 50 个人，算下来你只能赚 175 元。借的人越多，赚得越多，最多赚 350 元。"吴形顺着老许的思路展开了这个问题。

"这时候隔壁老王过来说：'我告诉你哪 10 个人真的不还，你分点给兄弟呗！'你觉得分他多少你能接受呢？"吴形又提了一个问题。

老许想了想说："他能告诉我哪 10 个人不还，我就不借给这些人，只借给剩下的 90 个人，这不就避免了 1 000 元的损失了，我觉得给隔壁老王 1 000 元以下都行。不过也不能都给他，太便宜他了，我得自己留点吧！"老许脑子活，但说的话也很实在。

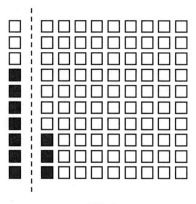

图2.8

"老许厉害，下面这个问题有点复杂了。如果隔壁老王说：'其实我的消息也不太准，我给你 10 个人的名单，但是只有 7 个是对的，可能会冤枉 3 个，你看成不？'"吴形说着在纸上画了一下示意图，如图2.8所示。

"这个我得捋捋。哎呀，年纪大了，算不过来了，不过总比没有强吧。快点说吧，别卖关子了！"老许是个急性子，大家也都关切地听着，看看这个到底怎么算合适。

"如果老王说的属实，那你还是会借给除老王说的 10 个人以外的 90 个人，这里面会有 3 个人不还钱，最终赚的钱是 $(115 - 100) \times 87 - 3 \times 100 = 1\,005(元)$，比原来的赚 350 元还多了 655 元，如果分的钱不超过 655 元，那就还是值得的。"吴形在纸上简单地计算了一下，大家最后终于明白了具体的数值。

通过这个小小的计算，吴形总结了他想表达的意思："通过这个故事我想说，其实数据的价值要看你决策的问题。如果我有 10 万元，可以借给 1 000 个人，那么这个模型卖 1 000 元，也是值得买的。咱们的业务要是再翻 10 倍，那我这个模型的价值也能翻 10 倍。

"还有就是，很多时候数据和模型都是不完美的，但是它们也有价值，关键是如何量化这个价值。有个著名的统计学家说，世界上没有完美的数据模型，但是有一部分模型是有用的，只要能让咱们的决策变得更好，哪怕是小小的改进，对于咱们的业务量，也可以产生巨大的价值。"

同事们听了若有所思，虽然还是没太明白吴形说的逻辑关系，但是似乎感觉到了某种联系，这些数据模型和他们平时忙的业务运营不是完全分离的。

吴形也知道让大家明白其中的联系不是一两天的事情，就算他自己，在讲这些课之前，他也模模糊糊的，不知道到底怎么说明这些问题。

既然要给这些团队负责人讲课，吴形就找了决策领域的很多书籍和文章，总结出一个一个小知识点，借生活中的案例给大家讲清，这门课就叫"数据化决策"。其实这个名字是借用了一本书的名字，就是道格拉斯·W. 哈伯德的书《数据化决策》，这本书的英文名叫 *How to Measure Anything*，直译过来是"如何量化一切事物"，写得非常生动、易懂。而这个名字虽然不是直译，但的确说到了数据工作的本质 —— 帮助决策人将决策做得更好，以体现数据的价值。

（4）大咖就是大咖

吴形组织大家在公司内部不断推广数据的理念、分享案例，影响了越来越多的人。想把这个事情做得更进一步，有时候还需要借用一点外部专家，让大家借鉴一下别人的做法。

美国一个著名的华人数据科学家朋友 Eric 回国创业，希望能在国内多结识数据圈的一些朋友，吴形和老莫沟通，可以由 Squrio 公司提供场地，邀请全北京数据圈的朋友过来，一起探讨数据的应用和理念。

这位数据科学家在一家美国大型互联网公司工作，领导的数据团队从几个人增加到几十个人，为公司创造了数以亿计的价值，被 CEO 授予公司最高奖。他也讲了一个他们公司的故事。

Eric 刚到公司时团队也不大，隶属销售部门，帮助销售部门统计数据，建立报表。他发现一个机会，就是帮助销售人员找到目标公司关键的决策者。销售工作是搞定人的工作，要完成工作，首先得知道需要搞定谁。所以销售人员需要知道以下三个关键点：①对于企业来说，哪个客户公司的价值最大？②这家公司谁是决策者？③企业内部哪个销售人员和这个决策者关系更好？知道这些就可以把正确的目标客户推荐给正确的销售人员。这个过程一般需要一两个月时间，如果能通过数据缩短这个时间，就可以大大提高企业的效率。

Eric 的团队通过一步一步地分析、建模、测试，最后建立了一套系统。这个系统每天自动把正确的信息推送给销售人员，大大提高了效率。

这套销售解决方案后来还从内部分离出来，变成了公司的一条新的产品线，提供给企业外部的客户使用。一个数据团队从一个成本中心，变成了产品业务中心，这是多么令人激动的成就。

会后老莫和吴形送走了 Eric，从电梯间往回走，一个同事迎面过来，对老莫说："老莫，我看外国的先进公司的数据也不是一步到位，也是一步一步来的啊！"

老莫听到这些，与吴形相视一笑，说道："是啊，我们原来在 PayPal 也是这样，用数据来驱动业务，咱们也在一步一步这么走，听了大咖讲解，你们也明白了吧！"

大咖就是大咖，有机会看看外面的世界，大家可以更了解自己的步调，也能更相信数据的力量。

吴形笔记

◆ 数据部门人手紧张，通过数据小组的形式，赋能各个业务部门，提高数据工作产能。

◆ 数据知识要与大家日常工作联系起来，要能解决实际问题，大家才能有学习的动力。

◆　通过数据小组可以影响各个业务部门的负责人，使他们提出的需求更合理，让他们更加理解数据价值，数据工作就更容易出效果。

◆　推广数据理念需要不断坚持，目的在于让大家知道数据的用处，要想让人第一时间就想到你，就要重复重复再重复。

◆　兼听则明，适当借鉴外部专家，让大家更好地理解数据的价值。

5.　关键战役

通过理念的推广、针对性的报表和分析报告，已经帮助公司建立了数据决策的理念和机制，但是要更进一步，让数据更好地帮助企业提高效率、降低成本，就要争取让数据决策融入企业实际业务流程中，形成数据决策的闭环。但做到这一步谈何容易，吴形在大银行没有实现的想法，现在依然面临困难，因为这将影响到整个业务流程，连业务团队都要跟着变化，各方利益不容易简单摆平。

机会总是留给有准备的人，这年过完春节后，一个机会慢慢出现在吴形面前。

Squrio 这个为商户提供支付、营销服务的创业企业，业务增长速度非常快。在其支付服务业务中，会出现套现、欺诈等风险问题，需要风险控制（以下简称"风控"）部门的人员侦测处理。

在支付环节，从交易成功到商户拿到钱，中间有一天左右的清算时间，所以除实时地拒绝交易以外，对于更加复杂的不容易立刻确认的套现、欺诈行为，还可以通过人工检出查证，事后处理，所以 Squrio 公司的人工风控人员也在不断增加。

这年的行业变化比较大，行业内套现的风险也越来越大，行业监管逐渐加强。如果企业自身没有发现问题，而被监管部门查到了，就要承受高额的罚款。风险的精细化、智能化管理迫在眉睫。但是做到最后的智能化、自动化管理，不可能一步到位，要一步一步来。

（1）数据记录

吴形决定第一步还是从数据入手，把最基本的工作数据记录下来。最早支持风控的数据产品可以提供每日的交易明细数据，同时可以按照一些经验规则，把可疑的交易挑选出来，供风控人员审查。每一个被挑出来的交易就是一个欺诈行为的线索，通过这个线索就可以寻找并确认欺诈的商户。

从人们分析和决策的流程上来看，这个阶段的数据产品提供的是"记录"功能，整个决策过程的后几步都是需要人工完成的，如图2.9所示。

图 2.9

①汇总：将看到的各个数据在头脑里汇集，模糊计算历史金额、交易占比等指标信息。

②预测：根据一些经验指标判断实际的风险概率。

③决策：根据金额大小、风险可能性给出处理结果，比如，关户、关卡等。

④执行：根据决策提取名单，通知 IT 团队进行具体处理。

对于每条可疑线索，风控人员需要考察交易的多方面信息，还要翻找与客户相关的各方面信息，比如，历史行为、地区、类型等。尽管每条线索判断时间较长，但有时候风控人员也会漏看一些信息，造成判断失误。

吴形与风控团队负责人沟通后发现，要解决的问题就是如何让风控人员更快速地处理一条风险线索。

（2）数据汇总

为了解决这个问题，吴形与风控业务人员沟通，对每条线索分析主要方向，为每个客户编制统一的用户画像标签体系，如图 2.10 中的 X1、X2 等标签。标签分为两类，历史上的标签和当日的标签，历史上的标签包括历史交易金额、交易次数、中位数、交易类型等，这些可以在夜里预先算好；对于当日的标签，则需要实时更新。

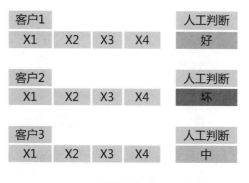

图 2.10

这样，在出现一条线索的时候，风控人员就可以在一个页面内快速地浏览所有的相关要素，同时给出对于这条线索的定性判断：高风险、中风险或低风险。

在这个阶段中机器完成了数据记录和汇总工作；而风控人员依然要依靠人脑建立模型，同时进行预测和决策。

增加这些功能后，风控人员处理每条线索的时间减少了，效率便提高了。但是通过数据分析发现，未被处理的线索所占的比例依然在不断增加，原因是业务增长速度比人员增加速度快。由于这些线索是随机分配给业务人员的，在没有被鉴别的线索里面，依然会有很多有风险的交易，风险覆盖率低。

接下来吴形要解决的就是提高风险覆盖率的问题。

（3）模型预测

解决覆盖率低的问题，可以通过评分模型，对每一条线索进行评分，把风险高的排在前面，让风控人员首先处理高风险线索，至少不要漏掉高风险的问题。

这时候上一阶段积累的数据就发挥了作用，因为以前业务人员根据线索的各个要素，做过很多真实的判断和进一步的调查，有很多现实案例，有判定结果，也有线索特征，这就是建模的好材料。有 Y，也有 X，需要做的就是根据这些历史数据进行分析建模，让机器给每条线索评分，评估轻重缓急，如图 2.11 所示。

客户1		人工决策
风险评分	844	正常

客户2		人工决策
风险评分	231	关户

客户3		人工决策
风险评分	456	限额

图 2.11

但是在正式给业务人员用之前，要有一个试用的过程。这里有个重点，就是不能把评分给风控人员看，依然需要随机地分配线索，同时需要进行事后跟踪检测。在模型相对稳定的阶段，让系统根据风险评分排序，让风控人员优先处理高风险的线索。

做了这一步之后，在不增加风控人员的前提下，发现风险情况的效率可以大大提高，特别是有重大风险的情况，基本不会被漏掉。同时，风控人员在分析线索之后，将采取关闭商户、关闭卡交易等处置措施，这些也都会被记录在系统中。

这个阶段机器可以解决数据的记录、汇总、综合预测的工作，而人仅负责决策和执行的过程。

采用这个流程之后，经过一段时间的数据分析发现，业务人员处置规则也有不稳定之处，有人比较严格，有人比较宽松，如何能让处置的规则也稳定下来，同时可以不断修订改进呢？

（4）决策推荐

为了让处理规则稳定、统一，吴形首先与风控部门一起讨论，然后梳理出了具体的决策规则，比如，根据风险分数和交易金额分为几个群组，针对不同的群组有不同的处理方法，如图 2.12 所示。

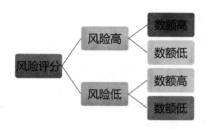

图 2.12

部署到系统中之后，系统会根据规则推荐不同的处理方法。风控人员如果觉得可行，就可以选择同意；如果觉得不合适，就给出改变的理由，并记录在案。

这个反馈结果可以帮助风控团队不断总结、修订规则，同时也可以将风控人员的经验不断沉淀到系统中，就算有人员的变动，也只需要进行短时间的培训就可以让新员工上岗工作。

（5）人机协同

在以上步骤都稳定可控之后，对于比较明显的风险线索，机器可以自动进行拉黑卡、调整额度、关户等操作。人所做的事情就是监督系统的运行状况，同时不断分析新的情况，优化系统，如图 2.13 所示。

图 2.13

一方面，风控团队减少了人员，有些原来做机械工作的人员转岗去了其他团队；另一方面，留下来的风控人员也不再每天进行重复的体力劳动，这样不仅提高了工作的满意度，降低了流失率，而且也提高了工作效率。

让机器的工作归机器，人工的工作归人工。机器可以帮助人们从事大量高速的、重复的工作，而人工可以从事研究、管理、分析的工作，两相结合才是最好的状态。

整个过程持续了大半年，吴形理解了一个具体应用真正落地过程中的各个痛点，实现了当初从咨询业转到企业从事数据工作的初衷，也为未来的工作做出了样板。

后来在Squrio公司做O2O（线上到线下）优惠券业务时，吴形开始做优惠券的推荐，从原始的规则开始，一步一步收集数据，最后通过数据模型来更好地推荐优惠券，也是遵循这个步骤。曾经成功的经验，也让业务部门更相信吴形，自然更加配合数据团队的工作。

吴形笔记

◆ 让数据融入业务流程需要找到关键时机，从一点切入，一步一步融入核心业务的流程。

◆ 数据化工作要根据当时的条件，解决当时最紧迫的问题，快速体现成果和价值。

◆ 数据化工作不必一步到位，可以循序渐进，在资源允许的情况下分批次来实现，主要的步骤如下。

①数据记录阶段，主要解决有数据的问题。

②数据汇总阶段，主要解决自动化计算的问题。

③模型预测阶段，主要解决机器预测的问题。

④决策推荐阶段，主要解决自动化决策的问题。

⑤人机协同阶段，主要解决反馈学习闭环的问题。

◆ 每一步都要考虑下一步的计划，为下一步打下基础，层层迭代。

6. 数据业务

数据的确在不断深入业务流程，业务的很多环节都能用上数据，通过数据优化效率。但是吴形还在想另外一件事情，当年Eric来公司分享经验的时候，说他们的销售系统不仅给公司内部用，还为客户提供了服务，成为一条独立的产品线。在支付业务中哪些事情是我们的客户需要的呢？

这个问题就得和负责产品的孙涛聊聊了。孙涛是负责支付 APP（应用程序）的产品经理，平时用数据比较多，他需要了解 APP 不同情况下的用户活跃度、转化率等一系列数据，才能知道这些 APP 的新功能到底起不起作用，有没有改进的空间。

"你们平时用数据比较多，你觉得咱们客户有什么样的需求，数据能帮上他们的忙吗？"吴形和孙涛很熟，找到孙涛非常直接地问。

孙涛点开 Squrio 公司的手机 APP，翻到交易详情那一页，说："你看这是咱们 APP 现在的功能，可以看到每天的交易明细，但是信息还是非常少。我去访谈过一些商户，特别是交易量比较大、业务比较多的商户，他们想知道每天这些不同分类的交易分别有多少，是老客户还是新客户交易的。但是咱们没有这些数据，这些交易数据都是直接从一个备份库查到的，要是汇总这些数据，就要每次查一下再汇总。这个系统支持不了，我提过需求，负责开发的同事觉得性能上支持不了，也不好开发，你觉得这个问题怎么能解决？"

吴形听后思考了一下，隐约觉得这是个机会："其实这些数据在数据平台上都有聚合和汇总，不过因为业务部门的报表都是按地区、按各个渠道汇总，所以从报表上看不到每个商户的数据，在数据底层我们为了快速进行汇总，的确有一层是商户级别的，不知道这个能不能满足你们的需求，需要与系统开发那边协调一下，看看用什么资源同步这些数据，给商户查询使用。"

"那我找你们设计报表的同事，看看这个数据到底怎样呈现比较好。"孙涛解决了一个在心中困惑很久的疑惑，迫不及待地想看看如何落地。

"你不仅仅是懂数据的产品经理，还是设计数据产品的产品经理。"吴形说得像绕口令似的，他的确找不到更简洁的表达方法，数据、产品、数据产品这些概念的确都相互关联起来了。

这样吴形带领的数据团队的工作范围拓宽了，不仅为企业内部设计报表和功能，还慢慢开始涉及 APP 产品本身的功能。

随着企业内部数据平台的不断拓展，上面开展了更多的业务。在支付的场景，Squrio 公司也会为商户提供优惠群营销的服务，根据一个客户在一个店里的消费情况，预测哪些用户优惠券的效果更好。这些事情根据一个商户是做不了的，需要综合很多案例和测试，建立模型，来进行智能的推荐。这些数据的积累，帮助 Squrio 公司更加了解商户，也更加了解用户的需求。通过数据的挖掘，可以更好地连接商户和客户，这会成为 Squrio 公司的竞争优势，数据不仅是帮助业务成长的助推剂，也是企业战略的一部分。

吴彤笔记

◆ 作为一个数据团队的负责人，在工作开展的初期，需要找到见效快、成功率高的问题，让数据展现价值，从而获取支持。

◆ 在发展过程中需要深入核心业务流程，切实帮助业务提升效率，成为业务流程不可或缺的一部分。

◆ 而要想更进一步，就需要让数据成为企业战略的一部分，要找到数据产品价值点，建立数据中台的系统，不仅支持业务，还要服务客户，这也是数据发挥价值的核心要点。

7. 继往开来

随着 Squrio 公司的不断发展，吴彤的团队也在不断扩充，整个数据团队包含以下三个部分。

①数据平台的团队：建立了基于 Hadoop 的大数据平台。

②数据分析师团队：为各个业务部门提供即时查询、专题报告。

③数据科学家团队：应用机器学习算法，优化各个业务流程，构建数据产品。

各个团队各司其职，与业务部门的合作也不断加强。

在 Squrio 公司工作的第三年，吴彤的工作趋于稳定，他决定到美国访学一年，沉淀一下想法，也拓展一下自己的视野。

在公司给他开的送别会上，吴彤有些感慨："在 Squrio 公司的这三年，是我收获非常大的三年，也是未来会影响我一生的三年。感谢我们可爱的老莫，也感谢大家一起让数据发挥作用，让我也更坚信数据的力量。"

送别会结束时，同事推出一个巨大的蛋糕，揭开盖子，上面写着吴形没有想到的五个字"数据化决策"。

吴形感到有些意外，HRD 郭老师说："同事都说你桌子上经常摆着这本书，嘴里也天天说数据，做的也是帮着大家学数据、用数据的工作，这几个字最适合送给你了，哈哈。"

听到这些，吴形感动得差点落泪，但他还是笑了。他很欣慰，这几年的工作能让周围的人感受到数据的作用，至少这几百个人更好地理解了数据的意义。

在访问美国各个大学的路上，吴形在旧书摊发现了一本旧书，名字叫 *In Data We Trust*（见图 2.14）。这句话来自统计学家戴明，正好能说明吴形的心声，也许这就是冥冥中的缘分，未来吴形也会和数据继续一同前行。

图 2.14

03

与客户一同成长

叶茂 数据咨询公司的业务负责人，从中国科学院（简称"中科院"）毕业后一直从事数据咨询工作，后加入一家大型服务商的大数据事业部，寻找行业应用场景，与客户一同成长。

1. 讲故事的人

叶茂坐在凯瑞（Kerry & Co）公司的会议室里，等待着面试官的到来，这个会议室不大，名称是"贝叶斯"。

"这个会议室的名字有意思！"叶茂心里嘀咕着。他看其他的会议室有的叫"高斯"，有的叫"庞加莱"，于是他猜想："不会这里的会议室都是以科学家的名字来命名的吧。"

叶茂当时在读研究生二年级，在中科院读书，学习生物，想在暑假找一个公司实习，也能积累一点工作经验。他在水木论坛上看了看，发现一个公司在招数据分析的实习生，这个公司专门为金融企业提供数据分析的咨询服务。作为生物系研究生，叶茂曾接触过一些基因测序的数据，所以想申请试试看，现在能有面试的机会，他感觉还是蛮幸运的。

"叶同学，你好！我是负责人力的穆兰。"进来的是一位和蔼可亲的女士，"你先介绍一下自己吧。"

人力资源部门的问题都比较生活化，叶茂也比较放松，介绍了自己的经历和专业，也诚实地表达了自己的观点，其实他并不能准确地知道这个职位是干什么的。

"没关系，接下来你可以见见我们负责业务的陈经理。她在这方面很专业，如果你入职了，也是她来带你们这批实习生。"穆兰完成了自己的工作部分，引荐负责技术面试的负责人进了房间。

"你好，我是陈曦，我看你是学生物的，不是计算机或统计专业的，你做过哪些与数据相关的工作呢？"这位面试官的问题很直截了当。

叶茂知道这个问题躲不过去，来之前也准备了一下，他说："我们课题组的研究是极端微生物，就是取得微生物样本，进行基因测序，如果确认是以前没有出现过的品种，那么它就是个新发现。接下来分析这个微生物与现有的哪个种属更相关，以及将其放到整个生物体系的哪个位置上，我们叫作建树，就是拿新品种的基因序列与已知样本的基因序列做聚类分析，本质上是层次聚类的问题，最终总会找到一个位置，知道是哪个种、哪个属。您看看我在简历后面附的一个图（见图 3.1），这是我们的建树结果。"

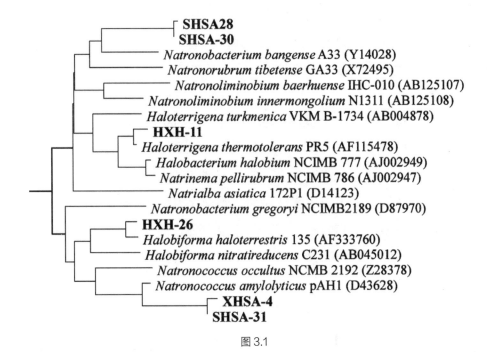

图 3.1

"你这个是用什么软件做出来的？ SPSS、SAS、Stata 还是 R ？"陈曦看着最后一页的树状图问道。

"都不是，这个软件叫 MEGA，师兄教我们用的，要先对基因序列做个倒序排列，再放到软件里，软件会自动做出图来。不过很多基因序列数据有重复或残缺的，事前我们都是利用软件做一些基础的处理，看一看有没有什么问题，如果没有这步，就容易把基因序列弄反了，那就错了。"叶茂刚开始跟师兄学的时候，的确有过惨痛教训，这点记得特别清楚。

"你们的数据怎么来的？我不是学生物的，你的工作里难点是什么？"陈曦是统计专业出身的，对于生物了解不多，同时，她也想看看叶茂如何给一个陌生人介绍他的专业。

"我们研究的对象是极端微生物，也就是在非常特殊的环境下还能生存的微生物，比如，在高温、高压或盐度非常高的环境下还能生存的物种。要得到这些样本，就要到很偏僻或极端的环境下采集。我们组去过很多地方，比如，西藏、新疆、青海、内蒙古、长白山等。

"我们去西藏要到非常偏远的热泉里采集，热泉旁边没有村镇，我们是坐着吉普车、由两位藏族的司机和导游带着去的，走了一天都没到，晚上在车上休息一下，第二天接着赶路。其实并没有路，我们就直接在草原、戈壁上开，开不快，没有导游根本找不到地方。路上没有车辆也没有人，但是偶尔能看见一些石头堆，应该是人堆的。

"那天下午终于到了地方，我们用设备把泉水里的样本收集起来，保管好，因为要带回去测序，所以还要保证它们被带回到北京都是活的。路途比较远，去的人不多，大家都很忙，但是还不能出错，否则就浪费了这次机会。来回投入了大量的人力、物力，获得这些样本都不容易。"叶茂说起这些经历时有点小兴奋，因为这个经历对他来说是永生难忘的，这是他第一次去西藏，就是为采集样本去的。

"不过也有些小惊喜。我们在布达拉宫碰到了歌手老狼，还和他合了影。"叶茂最后还放了一个小彩蛋。

"的确不容易，我们在数据分析工作中也是这样，所有数据都不是抽象的数字，其实都是对各种真实活动的记录，我们希望通过数据，更加了解这些活动的规律，希望能帮助人们更好地管理这些活动。"陈曦听了叶茂的经历若有所思，也顺着这个话题解答了叶茂的疑惑。穆兰出来时告诉过陈曦，叶茂表示自己不太了解金融数据分析的实际工作内容。

接下来陈曦又问了一些基本的统计学问题，叶茂学过一些基础的统计学课程，就结合自己专业说出了自己的理解。叶茂也抓住机会多了解了一下工作的具体内容，陈曦在这方面非常专业，也很有经验。叶茂虽然有些似懂非懂，但是的确觉得这里面的门道还挺多的。面试过程还算顺利，叶茂觉得即使得不了 Offer，也挺有收获的。

送走了叶茂，穆兰需要找陈曦汇总一下意见，看看面试的结果如何。穆兰说："我看他本科学校还行，考到中科院时成绩也还可以，你觉得他专业上怎么样？是学生物的，没有什么编程经验。"

"他的确没做过具体的编程工作，不过对数据的感觉还不错，基本的数据理解和分析目标都比较清楚。还有一点，我觉得他还挺会讲故事的，他讲他怎么去西藏采集数据，多么不容易，还挺有意思的。做数据分析不仅要数学好，语文也得好，做了事情还得能表达出来。他对这个工作挺有兴趣，我觉得可以让他来实习试一试。"陈曦虽然看上去严厉，但还是非常爱才的，希望能找到一些好苗子培养。

"好，我也觉得他比较踏实，沟通起来蛮自然的，那你帮忙填个意见，我走后续流程了。"穆兰也很高兴，到了实习季，她也是忙着各处招人，希望能招到合适的人来实习。这么多年来，每年留下来的优秀的实习生，都慢慢成为了公司的骨干。

这个行业里有技能又靠谱的人不好找，凯瑞公司每年会招收优秀的应届生，根据公司的体系进行培养，未来工作的习惯和方法也比较配套，容易形成团队。

叶茂收到实习的通知时还是有些意外的，面试时虽然沟通比较流畅，但是他深知自己的经验不足，与实际工作的要求还有不小差距，得不到 Offer 也很正常。现在居然得到了 Offer，接下来要面对的是什么样的考验呢？

2. 新兵入营

实习第一天，叶茂准时来到公司，领了电脑，跟着 HR 来到了自己工位。工位旁边的座位已经有一位实习生坐在那儿了。

"这位是林旭同学，是中国人民大学（简称"人大"）统计系的，也是你们这一批的实习生。你们都是第一天入职，他是最早到的，大家互相认识一下吧。"HR介绍道。

这位林同学带着无框的眼镜，扭头微微向叶茂笑了一下。

"你好，我是叶茂，在中科院读生物。"叶茂赶紧介绍了自己，心想以后这都是在一起工作的伙伴了，而且人家是科班出身，向他学习的东西肯定还不少。

陆陆续续又来了三个实习生，十点时大家来到了香农会议室。陈曦走了进来，她是这期实习生的 Mentor（导师）。

"你们接下来的任务有两个：一个是熟悉你们的武器——SAS 软件，还有一个就是熟悉你们的工作之本——数据。在服务器上你们都有自己的空间，现在有同一份数据和流程需要大家理解，第一步就是数据诊断和清理。这些数据与实际项目中的结构一样，也有很多混乱和缺陷，看你们能发现多少。"陈曦在布置任务，平静但也不容置疑。

"这些是什么行业的数据？我们最后要做什么？"林旭反应最快，目标也很明确。

"这个模拟数据取材于银行的信用卡业务，信用卡业务可以做的事情很多，比如，申请信用风险模型、行为信用风险模型、客户交易收益预测等不同的方向。第一步是数据诊断，我们不固定方向，大家可以接触一下数据，先理解信用卡的业务。"陈曦很高兴看到有人提问，现在的"小朋友"思想都很活跃。

叶茂还是有些懵懂，这些模型都是干什么的，他完全是一头雾水，但是也不太敢问，先硬着头皮干吧。

接下来的几周，大家扎进了数据的海洋，这些数据与学校里见的完全不一样。叶茂也学过基本的统计学，不过最多几千条数据、十个变量。但是这里的表就有十多个，数据有上百万条，与在学校里见到的完全不一样。而且诊断工作非常耗时，每个表的每个变量都要弄清楚是什么意思，连续性变量要看分布情况，分类变量要看各个类别的占比。比如，对于一个性别变量，要分别统计男、女数量有多少，分别占比多少，并且有缺失样本和未知样本的，都要区分开来，如表3.1所示。

表3.1

变量	分类取值	总样本数	分类样本数	分类占比	备注
性别	男	10 000	4 000	40.0%	
性别	女	10 000	4 500	45.0%	
性别	未知	10 000	300	3.0%	
性别	缺失	10 000	1 200	12.0%	

　　幸亏分析流程中有辅助工具帮忙，这些工具中有 SAS 宏程序和 Excel 宏程序，可以帮助做一些重复性的工作。SAS 宏程序可以自动读入数据字典，算出每个变量的基本统计量；Excel 宏程序可以读入 SAS 的这些输出文件，然后整理格式，变成容易阅读的形式。这些过程都是自动的，分析人员只要好好解读结果就行，节省了大量时间。

　　SAS 宏本身就是一组脚本，叶茂非常好奇，这些宏到底是怎么写的。他以前没有接触过 SAS，程序也写得不太熟练，但就是想看看，想借鉴借鉴。打开这些宏程序，前面是宏的说明和参与者的名字。这些宏已经是 8.0 版本了，每个版本都有相应设计者的名字，叶茂惊奇地发现里面"chenxi"出现过两次。"这不会是我们的导师陈曦吧，两个版本都是她贡献的。"叶茂心里嘀咕着。除了"chenxi"还有其他几个名字，"zhaoji""wuxing""zhouling"……这些都是参与过的人，看来这些宏也修订过很多次，这么多人一版一版地修改，才到了现在的样子。

　　叶茂每天做完当天的任务，还会留下来把 SAS 宏都一行一行地看一遍，试着自己写一遍。这个办法很笨，但是叶茂觉得这应该是最快的办法。叶茂也买了 SAS 语法参考书，发现宏里用的这些命令都是最常用的，而且正好对照宏的输出结果。叶茂要看看它到底是怎么运行的。

　　有天吃完晚饭回来，叶茂想着继续捣鼓这些基础的 SAS 代码。看到旁边的林旭也在，他出去吃饭的时候就见林旭在那儿，回来林旭还在那儿。林旭翻着一本红色封皮的书，还在电脑键盘上敲着什么。叶茂走过去看见扣在桌上的书，封皮上写着《Logistic 回归模型 —— 方法与应用》，如图 3.2 所示。

图 3.2

"你这是在捣鼓什么呢？"叶茂学过线性回归，这 Logistic 回归是什么呢？叶茂有点好奇。

"一个月了，每天都在翻来覆去弄那些数据，我看看能不能做点好玩的。"林旭脸上有点小兴奋，不过眼睛没有离开电脑屏幕。他翻过书来参考某一页的内容，上面用黄色记号笔画了很多标记。

"我想建一个逻辑回归模型，来计算不同客户的风险。SAS 里有这些 Procedure（程序），可以做回归建模的，这本书就是讲逻辑回归模型的。"林旭搞定了一个小步骤，抬头向叶茂解释。

"逻辑回归，难道还有没有逻辑的回归。"叶茂有点胆怯，这方面他还真不懂，没想到与他一起进公司的实习生比他懂得多多了。

"哈哈，有意思，逻辑回归是处理二分变量的模型。比如，预测一个人是好人还是坏人；线形回归是处理连续性变量的，比如，预测会卖多少东西。这本书讲解得挺全的，可以看看，我先回家了。"林旭说得很简单，似乎这些都是本应该知道的常识，不用做太多解释。

将书合上并放在桌子上后，林旭走了。叶茂拿起那本书翻了翻，内容是关于用 SAS 做逻辑回归模型的讲解。很多地方林旭都画上了记号，很多名词叶茂都不懂，比如，膨胀系数、共线性等。

"要补的东西太多了，明天我也买一本，先把眼前的活儿干完吧。"叶茂心里嘀咕着，放下书，接着写他的代码。编程这部分不练还真不行，看了宏里面的代码，叶茂还是有些看不懂，他决定还是先把陈曦交代的任务赶紧做完。

第二天一早，林曦来到他们这边，看大家有没有什么问题。

"陈老师，我做了个模型，您能不能帮我看看？"林旭抬起头来，期待地看着陈曦。

"好啊，看看你的结果。"陈曦有点小意外，不过还是走到了林旭工位旁边，其他实习生也都凑了过来。

"我建了一个申请模型，就是用这些客户的申请信息来预测他会不会逾期，效果还行，您看看。"林旭指着屏幕，都是 SAS"跑出来"的结果，叶茂也看不太明白。

"你的样本是怎么来的？什么样的客户是'坏'客户？"陈曦看了看结果，没有评价，却问了一个很基础的问题。

"我用了过去五年的数据，账单记录里出现过 120 天逾期的，都算作'坏人'了。"林旭很自信地回答。

"那就是说，有的客户是几年前的，有的是过去几个月刚申请的喽，你觉得这样合理吗？"陈曦的这个问题让大家都有点摸不着头脑。

"这个有什么问题吗？因为后面的人数多，时间拉长一点，'坏'客户会多一点，否则就没法建模了。"林旭思考了一下回答道。叶茂也觉得有点道理，不过他可没想到这一点。

"不错，能想到样本数量的影响。"陈曦赞赏地点点头。

"不过，你看这些客户一般要多长时间才开始逾期？如果一个人刚刚开户三个月，还没有 120 天逾期，你可以说他是'好人'吗？如果一个注册了五年的客户第三年逾期了，他算是'坏人'吗？"陈曦问出了一系列的问题。

所有人都沉默了，大脑都在飞速旋转，这些问题他们之前都没想过。

"我知道了，您是说这样比较是不公平的，因为有的人开户时间长，有的人开户时间短。开户时间太短，只意味着现在'好'，也不知道他将来会不会变'坏'；开户时间长的就有更多机会犯错了，大家要用相同的时间来看！"林旭有些惭愧，但更多的是兴奋。本来他是想向陈曦表现一下，没想到在这么基础的问题上犯了错误，但是想明白了原来不知道的东西也让他非常兴奋。

"是的，你的想法是对的。林旭做得不错，自学了很多东西，也能勇于尝试，非常不错。但是建模不只跑个流程，前面还有很多要做的工作，比如，建模样本怎么筛选，什么样的人算作'坏人'，这些都是要深入分析的。你们现在做的就是最基本的数据诊断，理解这些数据产生的过程，后面还有很多步骤，会一步一步告诉大家。比如，要确定这些问题，就要做 Vintage 分析，而做 Vintage 分析就要理解账单数据的记录方式，这些都要等你们熟悉数据之后，才能做到得心应手。"陈曦抬起头来对大家说。

叶茂听了林旭的解释，似乎明白了一些，陈曦的话也让他对未来的任务有了更多期待，原来这里面还有这么多门道。叶茂还有一点感触就是，比你聪明的人还比你勤奋，自己只能一步一步走下去了，慢慢追赶了。

暑假的实习工作中，这一批实习生帮公司做了一些基础的工作，同时也跟着陈曦一步一步了解了数据分析的整个流程，尝试建立了一些模型。林旭是最突出的，基础好，学得快，陈曦也对他赞赏有加。

而叶茂做得比较慢，但是他的确是最刻苦的，下班最晚，因为他知道自己的专业不是这个，从最基础的程序语句，到每个具体的 Excel 表的制作叶茂都要重新学。那本红皮书他买了一本，每个例子他都一步一步去实现了。

实习结束后，叶茂回到了学校。这一段实习让他见到一片新的天地，原来数据还有这么多用处，而且很有意思。

虽然回了学校，但是叶茂还是利用业余时间自学了很多与数据相关的知识。只是没有像在公司里有那么多数据可以练习，不过幸好他们研究所在中关村，距离中关村图书大厦很近。他几乎每周都去图书大厦，把所有关于数据分析、数据挖掘、机器学习类的书都买了。这些书有国内的，也有国外的，有的讲得详细，有的讲得不太靠谱，不过都买来看看也不是坏事。他的同学经常见他看这些书，不太理解他在干什么。他也不太好解释，的确，市面上数据分析的工作岗位还不多。

到了找工作的时候，同学们都在投简历，叶茂却拨通了陈曦的电话。说了他这几个月学的东西，说了他对数据分析的理解，说了他很想有个机会能加入凯瑞。面试非常顺利，叶茂如愿加入了凯瑞。

再次来到凯瑞，叶茂更有信心了，与几个月前相比，他更了解这个行业，也更坚定了进入这个行业的决心。

3. 初登战场

叶茂开始正式上班了。上班后就不能再像学生，以前都是听老师的话，现在要面对老板，要先把事情做好。

陈曦原来是叶茂的导师，在工作时也是他的上司。叶茂一直都想问，当初陈曦是怎么看他的。

一次和陈曦吃饭聊天，说起这事儿，陈曦说："你虽然不是专业出身，但是我看到了你身上有一股韧劲。你刚到公司时的程序编得非常烂，但是三个月后，就已经不一样了，后来你又给我打电话，说了你那几个月做了什么事情，就是因为这个电话，我们决定录用你了。"

"我是看到当时的实习生都很强，我也不是科班出身，只有从头学起。那时候连逻辑回归都不知道，还是林旭告诉我的。对了，林旭后来去哪儿了？"叶茂听到夸奖，还是有些不好意思的。不过他一直记得，是从林旭那里第一次听说逻辑回归。

"他去了一家股份制银行的信用卡中心，他挺优秀的，我们也联系过他，希望他能加入公司，最后他选择去那边了。"陈曦有些惋惜，本来招这些实习生就是为了找到优秀的苗子，让他们加入公司，但是每个人都有自己的想法，不能强求。

凯瑞的业务中，银行占很大比例，所以他们实习的场景与银行业务联系紧密，难怪有些实习生去银行了。

叶茂的第一个项目也是银行客户，不过不是在北京，而是在上海。

金融机构的项目保密性要求很高，数据不能拿出来，一般都要到银行的开发中心驻场开发，开发中心在全国各地都有，所以出差是难免的。

出差对叶茂来说挺新鲜，第一次坐飞机也是因为出差。到了新的城市，停留时间短的话，他会住宾馆；时间比较长的话，公司会在开发中心附近租固定的房子，成本低一些，大家也可以在一起放松一下。

这个项目是一个大型银行的模型开发项目，凯瑞这边提供的团队只有 5 个人。与项目同步的银行数据仓库也在开发过程中，那个团队比较大，有十几个人。

建立数据仓库要从原始数据开始，设计协议、交易等主题，要把所有的原始表分类、拆分装入这些主题中。数据仓库是面向分析应用的，数据经过了整合、梳理、矫正，更容易做深入分析。

这个项目的难点在于数据仓库还没建完，没有成型的数据可用。这个阶段开发模型，就要与数据仓库团队一样，从最原始的数据中整合数据，强度可想而知。前三个月都在诊断整合数据。

在诊断整合数据过程中遇到了一个问题，就是无法确定这个账单表的栏位分布。数据仓库团队也同样遇到了这个问题，客户也没法回答，因为这些底层的数据，他们没有上过手。上层的业务都在正常运营，这些数据细节不影响系统使用，但是对于数据分析却很重要。

叶茂听说这个业务系统是美国公司开发的，说明书是英文的，就找项目经理要来说明书。这个说明书有上千页，大大小小的设定有无数个。叶茂又找到了实习时的感觉，这就像探案，一个环节对比一个数据，数据验证了就可以推导出下一个环节。一周时间，叶茂都在围绕这个问题细细摸索，终于解开了栏位的划分原理，而且这个结果也间接帮助了数据仓库团队。

后续的建模工作非常顺利，数据仓库团队也愿意配合，等项目结束回来的时候，公司开了个庆功会，参与项目的小伙伴都很兴奋。

自己的努力得到了承认，叶茂也非常高兴。作为一个数据人，首先要提升的就是个人的专业能力，不过他现在不知道，后面还有更多的考验等着他。

4. 我也行

公司的业务扩张非常迅速，叶茂作为项目经理，开始带着小伙伴去做项目了。

这次的项目服务的是一家快速成长的城市商业银行。国内经济不断发展，城市商业银行发展得非常迅速，比如，江浙一带的城市商业银行、农村商业银行都发展得很快，也很有活力。

叶茂负责的这个卢阳城市商业银行资产有几百亿元，每年利润有几亿元，而且观念非常新，能够接受数据化的观念。商业银行高层有这样的认识，就能上下一体，也更容易执行数据化转型战略。

　　陈曦是这次项目的总监,具体事情还要叶茂去处理。到了新城市,叶茂和陈曦一起先期接触客户。叶茂把当地的住宿安排妥当,项目人员进场,项目就正式开始了。

　　做项目经理可不像建立回归模型那么流程化,按部就班就好,做项目经理中间总会发生一些意外。

　　项目一开始,在提取数据过程中就遇到了麻烦。因为银行技术人员没有经验,所以耽误了很长时间。原本的要求是提取 20% 的客户数据,包括客户表、账户表、交易表等多张数据表。具体流程是先提取 20% 的客户数据,然后根据这些客户号,提取这些客户所有的账户表、交易表等信息,如图 3.3 所示。但是银行的技术人员理解错了,他们随机抽取了 20% 的数据,把客户表、账户表、交易表等每类表分别随机抽取了 20%,如图 3.3 所示。

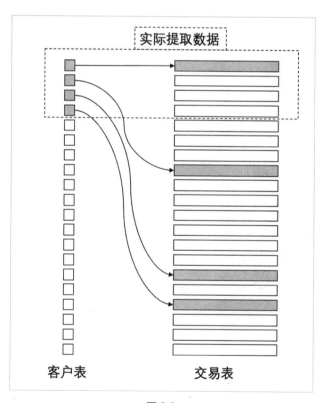

图 3.3

　　数据拿来一诊断,就发现了问题。很多客户都没有账户,很多交易又找不到客户，这个问题诊断出来了，与技术部门沟通后，要重新提取一遍数据。

本来数据提取就已经有些晚了，还提取了两遍，等到开始做数据诊断时，时间已经非常紧张了。叶茂带领团队加班加点，但还是比预定时间延迟了一周才交出数据诊断报告。

"你们怎么搞的，这都延迟一个星期了？咱们这个项目可是董事长重点关注的，照这个速度，5月份能上线吗？"主管副行长知道情况后非常生气，让叶茂说明这个情况。

叶茂是第一次遇到这种情况，这两周他们加班，非常累，但是数据诊断工作又不能敷衍，这可关系到后面的很多设定，也影响模型最后的质量。虽然有些延后，但还是全部完成后才提交报告的。

这时叶茂心里别提多委屈了，但对方是工作十几年的领导，叶茂心里还是有点发毛的，有话也不敢直接说出来。旁边就是银行技术部门的同志，如果在会上说是因为他们的问题，提数据晚了，就有"甩锅"的嫌疑，以后就不太好合作了。叶茂沉默了一会儿，说道："吴总，这次在时间设定上的确没有考虑到突发情况，设定的时间短了，我们下个阶段可以往前赶一点，最后不会影响模型上线。后续的时间安排上，你看需要再调整吗？"

"你们是专家，时间安排你们来定，我的要求就是保质、保量完成项目，不要耽误业务。"吴总最关心的还是大的业务规划，具体调整他没法拍板。

"好的，我们一定加班加点把时间找回来。"叶茂赶忙表态，恨不得赶紧结束会议。会议结束了，叶茂的衬衫都湿透了。

整个过程中，陈曦都在后面看着，没说话。晚上下班后，她单独找了叶茂。

"今天感受怎么样？会议上客户好像不太高兴啊。"陈曦开门见山。

"其实是他们数据提晚了，但是当着吴总，还有数据部同志的面儿，也不太好说。"叶茂觉得陈曦有些责怪的意思，于是赶忙解释。

"没有责怪你的意思，这些具体情况我都了解。今天你也把事情'度'过去了，第一次做项目经理，不容易。不过在具体过程中还是要注意一点，就是要做到有理、有利、有节。"

"今天的这个情况就不能显得太软弱，可以把事实提一下。当然，不是让你去扯皮，但是你也有义务让大家了解事实真相，让大家了解到底这个问题是如何产生的。

"而且在数据分析这个任务上，我们是专业的，否则客户也不会请我们来。说明情况，给出我们的建议，不能推给客户让客户做决定。如果你去看医生，医生问你开这个药行不行，你是不是也会怀疑他的专业度？"

陈曦语气平和，没有责怪的意思，她知道叶茂没有经验，但还是让他独自面对这一切，不犯错哪有成长呢，不可能事事都替他包办了。

"嗯，与客户打交道的确还要多磨炼，谢谢陈老师。"叶茂很感激，但也没法表达得更多了，在项目中慢慢改进吧。

项目后期更加紧张，叶茂和他的团队也在快速成长，不仅仅是建模的工作，连写邮件都不能疏忽。一封项目会议总结的邮件，他和团队要不断打磨，有的地方改了不下 20 遍。这其中每个人的称谓都要仔细斟酌，要体现对各方的定位和尊重，还要仔细修改各个环节的说明和对结果的总结陈述，既要让客户感受到尊重，又要适当争取公司的利益。

在整个项目中叶茂一直心惊胆战、如履薄冰，但毕竟这个项目的经理是他，他不能让团队的人看出来，因此就只有两个字：挺住！赶鸭子上架也得上。没想到项目最后还是遇到了意外。

项目工作本来都做完了，叶茂和他的团队整理相关的成果，准备最后的项目汇报。虽然汇报材料是叶茂整理的，但是陈曦作为项目总监，会负责最后的报告。

项目快结束时，卢阳这边正处于雨季，台风"凤凰"要从旁边省份登陆，当地也是风雨交加。陈曦因为其他的项目，汇报前一天下午才能飞过来。但是天有不测风云，"凤凰"突然改道，直奔卢阳这边过来了，机场临时封闭。

叶茂接到了陈曦从机场打来的电话："叶茂，我的飞机延误了，不知道什么时候可以起飞，现在改火车，明天一早也赶不上了，明天的汇报你来吧。"

"嗯？！"叶茂心里一惊，他最不想看到的情况还是发生了。

这个项目虽然他是项目经理，但是他一直觉得，后面有陈曦坐镇，什么困难都能克服。叶茂的汇报材料准备得非常仔细，检查了好几遍，希望第二天陈曦来汇报完，他就可以解放了。可这陈曦来不了了，第二天只能由叶茂自己上台，因为风控委员会和技术部门都在，所以不好改期了。

"不用紧张，工作都是你做的，好好准备一下，相信你没问题的。"陈曦也听出了叶茂的犹豫，于是最后"推"了他一把。

"好，明天我来汇报，我今天晚上再熟悉熟悉。"叶茂也只能答应，躲是躲不过的。

晚上叶茂打开PPT（PowerPoint），又从头到尾预演了一遍。翻着一页页PPT，想想怎么讲，也想想客户可能会提什么问题。

第二天，会议各方都到齐了，叶茂开始了他的汇报。

汇报包括几个大的部分，要介绍一下项目的业务背景，重点是把一些关键的设定讲清楚，比如，Y变量的定义等，这些也是监管部门关心的问题。最后介绍模型结果和验证情况，要说明具体变量的含义，以及与业务本身的关系。

到最后，科技部一位同志问："你这个模型的多重共线性验证过吗？"

这个问题很多客户都没有提过，叶茂有些惊讶，这次的客户里还有懂行的人。不过他早有准备："这里有膨胀系数的检验，保证每个变量的膨胀系数都是小于10的，这个结果我们没有写进PPT，如果您需要，会后给您看具体的结果。"

共线性的问题一般在SAS建模中问题不大，在变量筛选时都会避免这类情况，公司的项目流程里没有硬性要求。不过为了保险起见，最后进入模型的变量，叶茂都会做一个检验。当年林旭给他看的那本红皮书上就说过（见图3.4），叶茂记得很清楚，他还记得那些密密麻麻的黄色记号，没想到还真用上了。

```
*ESTIMATING TOLERANCE STATISTICS;
...
PROC REG
MODEL COOLLEGE = GENDER KEYSCH MEANGR / TOL VIP
RUN;
```

图3.4

汇报很顺利，业务人员比较关心这些变量的意义，而风控委员会则关心模型是不是稳定，叶茂都一一做了解答。客户对于叶茂的汇报很满意，没想到这个年轻人可以如此沉稳地把问题说得这么清楚，回答问题都很全面。

打完这一仗，叶茂也找到了一份自信。叶茂后来又带领不同团队，做过各种不同的项目。行业从银行扩展到了保险、基金，这些行业都要面对终端用户，需要以自动化、智能化的方式来管理客户，风控、营销、客户关系管理（Customer

Relationship Management，CRM）这些都是典型的应用场景。叶茂拓展了专业领域，管理咨询能力也得到了很大的提升。

很多时候人的改变只需要一个关键事件，叶茂也许应该感谢那场叫作"凤凰"的台风，让他上了一个台阶。

5. 重新出发

优秀的人总会得到更多人的帮助，在凯瑞工作 5 年之后，叶茂迎来了他职业生涯的转折点。

国内一家大型的 IT 服务集成企业成立了大数据事业部。大数据事业部会售卖相关软／硬件，比如，云设施、存储计算、数据分析软件等，同时也组建了一个分析团队，专门服务客户。因为大数据业务在国内出现的时间不长，很多客户只购买软／硬件，还不能真正融入业务，创造价值，因此需要专业的服务团队。事业部负责人齐总和叶茂认识多年，大叶茂十多岁，一直很欣赏他，多次表示想邀请他来负责这个分析团队。叶茂对于凯瑞公司还是非常有感情的，而且干得也比较开心，刚开始并没有给出肯定的答复。不过与齐总的一次谈话，让叶茂转变了想法。

齐总和叶茂每隔一段时间就会一起喝茶聊天，聊聊生活和工作上的想法。一次聊着聊着，齐总问了叶茂一个似乎有点务虚的问题："你觉得你职业发展上的终极目标是什么？"

"我的目标就是做中国最好的分析师，不断完善自己。"通过几年的磨炼，叶茂对自己更有信心，也更加相信自己的选择。

齐总点点头，表示赞许："嗯，能看出来这几年你的进步。不过对于这个问题，我也说说我的看法。追求极致非常重要，这是一个专业人士安身立命的本钱。不过，古人讲，修身、齐家、治国、平天下。修身是第一步，是前提，而最终还要找到一个施展的舞台。对于我们做数据服务的，就是有机会为更多的客户创造价值，自己的价值才能不断提升和展现。"

听了这句话，叶茂并没有急着回答，他似乎被触动了某个开关，这也许是一个他曾经想过、但又没有真正思考过的问题，现在到了他真正要面对的时候了。

在凯瑞他经历了从学生到职业数据人的转变，从对于数据行业懵懵懂懂，到深深爱上这个职业，他找到了自己的兴趣和天职，这一天终归会到来，他将从这个"学校"毕业，带着他的各位老师教给他的一切，开创自己的一条路。

叶茂终于答应了齐总的邀请，加入他的大数据事业部，带领分析团队。

到一个新的工作岗位，开创一份新的事业，永远都不是一件轻松的事。从在新公司工作的第一天起，就要面对各种挑战。叶茂刚接手团队时，一个重要客户的项目临近结束，却无法结项。因为项目人员、资源紧张，前期又有沟通问题，客户极其不满意，叶茂紧急上马，这次必须临场救火了。

这是一个商业地产公司的项目，该公司发展多年，主打商业地产。这个公司的业务比较多，数据比较分散，既有管理数据，又有各种游乐设施的客户数据，散落在各个系统中。总部希望把数据统一起来，做出相关的报表，这样可以更好地理解业务。项目需求本身比较规范，但是项目推进并不像原来想象的那么简单。

第一天到了现场，是周一，正好赶上项目周会。一张长长的桌子，这边坐着四个年轻人，对面是客户的项目经理，会场气氛非常严肃，没有人说笑。

一个年轻人打开 PPT，汇报上一周的工作情况。叶茂一看 PPT，不知说什么才好。PPT 白色的背景上有四种字体，一页密密麻麻地写满了文字。这个年轻人照着 PPT 念了起来："我们上周的问题是……"

"你们可不可以不要老说问题，到底能不能解决，这个项目都拖了这么长时间了，你们要不要好好反省反省！"没等这个年轻人开口，对面客户方的项目经理便咆哮起来，一看就知道有气，想借机发泄一下。

"万经理，我们也在努力解决问题，主要数据的问题当时没发现，现在暴露出来了，我们也没想到，我们正在加班排查。"年轻人觉得挺委屈，不免要解释一下。

"算了，问题我们知道了，今天就到这儿吧，回去好好看怎么解决吧。"客户方的项目经理说着合起笔记本，起身离开了。

几个年轻人被晾在那里，垂头丧气地也一起离开了，叶茂和他们一起回到了工位。叶茂大致了解了一下每个人的分工和工作安排，并没有问太多，毕竟在客户的工作场所，不便说太多。

今天会上汇报的年轻人是小姚。在没有项目经理的这一个月里，他主动承担起了项目经理的角色，负责与客户沟通。这也让叶茂想起了，当年他刚刚承担项目时，一样的不知所措，按部就班地听客户安排、辛苦工作，但是收效甚微。

晚饭后，叶茂找了小姚，在旁边的咖啡馆里谈了起来。叶茂想了解一下到底是什么情况。

小姚终于找到了一个倒苦水的机会。原来，这个项目之前有个项目经理，也有十年的工作经验，本来觉得项目并不困难，主要是整理数据和制作相关的报表。为了更快完成任务，前期对数据只做了简单的梳理就开始制作报表。刚开始客户还挺高兴，觉得进度很快，这么顺利就进入报表阶段了。但是到了具体报表阶段，核心的工作就是对指标，这时才发现这个指标怎么也对不上。不同口径出来的指标不一样，而不同的业务部门的说法也不一样，就这样，一个指标改来改去。这个项目也没有做好文档记录工作，前面业务部门的说完了，就按这个改了，但是后面其他部门的人在另一个地方又改了，没有具体文档记录下来。而且项目经理直接指派一个人改，改完了就完事了。到底哪里改了，只有改的人自己知道，改到最后，连他自己都不知道了。等出了错，就只能让大家一起加班查数据，项目时间就无法控制了，客户非常不满意。

每次周会都是不同的指标问题，讨论再讨论，但是因为计算准确度问题，一直无法上线。叶茂听完就知道了，这其实不是技术问题，而是管理问题。

第二天，他和团队成员一起开会，由他来与客户沟通，第一件事就是各种指标的确认。

从现有报表里挑选出 15 个核心的指标，与各个部门一起开会，写会议纪要、抄送、确认。这样第一批主要指标就确认了，这是核心的部分，其他的报表都要参照这 15 个核心指标逐步展开。

基本问题解决了，但还得找到一点超出客户预期的东西才能挽回局面。

叶茂发现客户虽然采购了敏捷报表工具，但是客户提出的需求很多都是固定报表，其实这些工具里有很多功能，可以做出非常好的可视化效果。

叶茂也悄悄地在观察团队中的四个年轻人，发现有一个叫小林的年轻人说话不多，但是做事认真，也爱钻研。叶茂找到小林，要交给他一个新的任务。

"小林，你看这些报表都是各个省的指标，有好多报表。你看可不可以把各个地区的报表综合在一起，用地图展现，在点击某个省分公司的时候，就可以看到不同省的表现，这样就不用再去查找各个省的记录了。

"我也不知道具体该怎么做，但是我看这个软件的网站上有这个效果，你看Demo是这样。现在数据已经算得差不多了，你看能不能做出这个效果。"叶茂指着软件教学视频中的一张图说。

"我估计客户他们也没见过，如果能在一周内做出来，下次周会上给他们展示一下，那么客户对咱们团队肯定会刮目相看，时间有点紧，靠你了！"叶茂期待地看着小林。

"嗯，我研究研究，争取完成任务。"小林并没有满口答应，但是心里却下了决心。看到这么奇妙的效果，小林本身就很有兴趣钻研一下，而且这还是帮助团队打翻身仗的机会，不能错过。

小林的热情被激发了，他参照各种教程，不断修改，不断让同事们看效果、提意见，改了一遍又一遍。这么长时间里，大家都憋着一口气，难道就这样让别人看我们？年轻气盛也不总是坏事，用在正道上就是强大的内驱力。

在周一的例会上，叶茂让小林把这个原型给大家做了展示，客户见了感到很惊讶，原来还可以这样展示。会上客户方的项目经理找叶茂商量，是不是可以把给领导看的几个关键部分都设计一下，最后汇报的时候在领导面前也是个亮点。

很多时候客户也是具体的人，也想把自己的工作做好。从客户的角度考虑，给客户一些超出预期的东西就能打动客户，最后的项目效果好，对大家都有好处。

最后，在全体人员的努力下，项目终于顺利结项了。

这个项目结束了，效果不错，叶茂趁热打铁，还得运作下一个项目。前期在数据的诊断、比对上花费了大量时间，成本很大。如果只做一期项目，便有点得不偿失，因此要找到进一步的切入点。

在项目进行过程中，叶茂和客户方的业务负责人吴总沟通过多次，知道吴总也是想做事的人。都是数据行业里的人，专业的人都会受到尊重，所以二人的私人关系也处得不错。

一天售后回访，叶茂想了解一下具体的报表使用情况。

"吴总，我看了咱们这个报表，其实有个问题我想向您咨询一下。您看这个收入起伏比较大，总有几个凸起，是什么原因？"叶茂指着报表中的一个图问道。

"这个是我们每年的客流高峰，所以卖得都比较好，因为是冒险乐园，孩子玩累了就要吃饭，吃饭点就那几个。"吴总经验很丰富。

"那您看这个是不是可以分析分析，如果每天都是这样，那么在这几个时间点多派些人手，就不会忙不过来。"叶茂建议道。

"我们根据经验做过，不过这个与很多因素有关，节假日、周末，还有不同的客流高峰，我们的业务专家也没法给出明确的规则，所以只能多派点人。"

"我查过国外的一些资料，比如，迪士尼这些大型游乐场所都会进行人流的统计，根据统计的数据调整每天每个时段的货品和人员供应。"叶茂显然有备而来。

"哦，这个能预测吗？要是能预测，那就太好了。你看能不能给我汇总个材料，看看国外到底有哪些应用，咱们能怎么干。"吴总有些诧异，不过他也希望在数据这块能做出亮点来。

叶茂这次可不是心血来潮。在做项目的过程中，他虽然不用具体去处理数据、制作报表，但是他一直在想一个问题：如何找到下一个突破口。当前这个客户可是国内首屈一指的商业地产企业，如果能顺利拓展业务，那么在行业内也是很好的标杆客户，可是怎样才能拓展业务呢？

在做项目的过程中，叶茂一有机会就和客户的同事一起交流。比如，中午一起到食堂吃饭时，就可以聊一聊，多了解一下商业地产的一些门道。

除此之外，他还查阅了十几本商业地产方面的书，因为要与客户沟通，一定要了解这方面的业务，至少要成为半个专家。做咨询服务，就是有这样的挑战，也是让人兴奋的地方，面对这样一个新的行业，找到一个业务场景，还能转化为一个数据问题，还能解决，是非常爽的事情。

在国内这样的例子很少，但是国外其实已经有了一些经验和尝试。叶茂在国外的数据分析主题网站上查到过相关的文章，比如，迪士尼的卖场会针对不同时间点预测客流，进行相应备货。

毕竟在读研的时候，叶茂读过很多英文文献，而且在凯瑞自学这些数据分析的技能时，都要查找国外的网站。至少英文不会成为一个障碍，更重要的是能搜索到要找的东西。叶茂听过一个知识付费节目，说有一种能力叫作搜商，就是指能通过搜索工作准确找到自己要的东西的这种能力。

除了搜索，其实叶茂也想起来原来在银行业也做过一些这样的尝试。比如，计算不同ATM（自动取款机）的使用频率和交易金额，都非常有规律。周一到周五的中午 12 点和晚上 6 点左右，交易金额比较多；而周六日则是早上 10 点和下午 4 点，交易金额比较多，如图 3.5 所示。

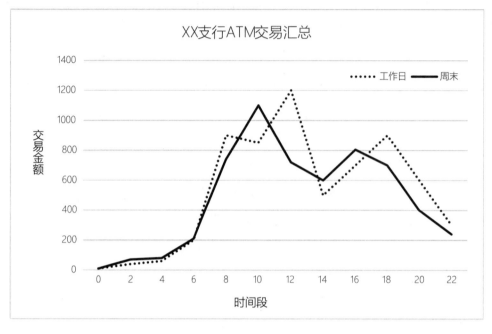

图 3.5

　　这些差异是用户的行为习惯造成的，上下班、起床、吃饭、购物等行为都会影响取钞的数量和时间点。而且，这也与 ATM 的位置有关，小区附近的 ATM 和办公区附近的 ATM 模式就不同。虽然这些数据最后没有真正实施到银行客户那里，但是这些结论也帮助客户做了更好的规划。叶茂没想到在这里还能派上用场。

　　叶茂与吴总谈完，回公司就让人组织相关的材料，一步一步帮助客户在内部规划、立项、实施，按部就班地开拓了一期新业务。

　　叶茂与这个客户后来一共做了五期项目，客户公司的业务在不断地扩大，又收购了其他企业的业务，数据的范围也在不断扩大，客户公司在这个领域也成了数据应用的标杆企业。

　　客户公司的业务不断扩大，叶茂团队的业务也在不断扩大。叶茂成就了客户，也成就了自己。

6. 前方的路

叶茂在新公司的前两年是异常忙碌的。

叶茂接触了上百家客户，行业各有不同。每接触一个新的行业，叶茂都要快速了解客户的业务，然后帮助客户抽象出业务问题，转化成数据问题。这是数据服务咨询工作的难点，也是最让人兴奋的地方。所有的努力最终还要从客户的业务角度出发，找到价值提升点，让客户的业务得到改善，让客户体会到价值。

在业务不断增长的过程中，叶茂在担心一个关键的问题，就是人才培养的问题。这事必须提前准备，于是叶茂找到齐总商量："齐总，现在业务形势很好，但我有点担心，咱们人跟不上。对于企业服务业务，签单只代表工作刚刚开始。数据类的企业服务是个劳动密集型的工作，每个项目都要人去服务，这个没法省的。我怕咱们人的素质跟不上，这服务质量也跟不上，做砸一个项目，就会影响口碑。"

"交付质量这事儿的确非常关键，你有什么想法？"齐总也很关心交付问题，交付是 2B 企业的关键一步。

"我想一方面从社会上招一些有经验的人；另一方面从学校招一些应届生，按照咱们的培养模式培养。虽然培养应届生费点时间，但是他们是一张白纸，可以更好地磨合。

"凯瑞就是这么做的，不过我也担心，会有一些人在接受培养之后就去客户那里了。"叶茂有自己的想法，也说出了自己的担心。

"这个在所难免，他们去了客户那里，以后对咱们业务也有好处。你不用有太多负担，按你的想法去做吧！"齐总看得比较长远，这种没法避免的问题就接受它，要看到好的一面。

说干就干，社会招聘加校园招聘两条腿走路，以解决人才问题，不过这两部分工作都不容易。

社会招聘难度就不小。行业里靠谱的分析师很难找，有的要价很高，但经验和基础都不扎实，来了反而没法融入团队。要找到合适的人，就要多面试，面试 20 个能留下一个就很不错了，叶茂在这方面花了很多时间。

关于应届生，除了招聘的问题，还有培养的问题。叶茂一直感谢他在凯瑞时的导师，让他能够沿着正确的方向成长。现在他成了导师，也要建立一套流程，让实习生更好地深入业务，提升自己。

首先是熟悉数据工具。服务的客户种类越多，用到的数据工具也越多。有的项目用敏捷报表工具，有的用商业建模工具，也有的用 Python 等开源工具，相比原来只用 SAS 工具多了很多挑战。

要掌握这么多工具，就要分工协作，一个成员学习完之后教给其他同事，这样教的人就掌握得更好了，团队学起来也更快。

比如，学习 Python，就可以从互联网上找到很多资源。Python 在数据科学中的应用越来越广，各种相关工具库也不断完善。Python 有一个很好的套件，叫 Jupyter Notebook，通过浏览器就可以进行编程调试，而且程序和文本可以混合使用。一个 Notebook 文件，既可以阅读，程序又可以执行，很适合交流协作。

团队里的同事针对一个场景做出一个实例，保存成 Notebook 文件，就可以与其他同事分享。而且网上还有很多现成的 Notebook 文件可以分享，http://nbviewer.iPython.org 这个网站（见图 3.6）上就有很多例子可以参考。

图 3.6

叶茂不免想起当年看纸质书学习的情景，慨叹现在入行的"小朋友"们实在太幸福了。有那么多网上资源可以参考，要数据有数据，要代码有代码，可随时上手操练。

另外，更重要的就是规范的工作流程。在凯瑞，叶茂也曾参与过与国际咨询公司的合作，当时也学到了不少管理流程的经验。对于一个行业可以总结出通用的分析流程，并且可以知识共享。比如，一些模型的 X 变量经过几个项目的积累，只要原始数据做了字段匹配，这些 X 变量就可以自动合成。这样模型的效果一般都是可控的，对于建模人员的要求也比较规范，可以规模化地培养。

从工具到流程，这些实习生在工作中不断成长，也一步一步承担起了各个项目的重任。

分析团队也在不断扩大，从几个人慢慢扩展到了几十个人。

经过两年的口碑积累，到了第三年，业务爆发式增长，第一季度就完成了前一年的签单量。叶茂主动找齐总谈他的想法，也想听听齐总的意见。

"齐总，今年咱们的业务形式很好，这一季度就接了全年的量。"这个事情很让人兴奋，但是叶茂还是很平静。

"嗯，这两年辛苦你了，这两年的努力终于见到成效了。接下来你有什么想法？"齐总觉得叶茂找他肯定不仅仅是来说这事儿的，他也想听听叶茂的想法。

"这两年培养的人都是手把手、一步一步带起来的，培养速度虽然慢一点，但是人才的适应力更强，未来业务的行业范围会更广，如果能在一些重点行业积累，做到可以复制，那么对于咱们的商业模式会更有好处。"叶茂担心的是未来的发展，也关系到企业商业模式的问题。

"凯瑞的客户不少，但主要都是银行、保险、证券这些金融企业。这些金融业务虽有不同，但都是面向 C 端客户，数据主要用在管理客户的风险、营销、CRM 这些方向。国内的金融企业的业务还是比较类似的，各个企业的问题有共性，所以也容易形成比较成型的解决方案。"叶茂想起他们在凯瑞接受培训的内容，这些内容与后来做的项目都很契合，凯瑞公司多年的积累也都在金融行业。

"我也一直在想，现在我们广泛撒网，最终还是要重点培养的。要找到一两个核心的行业，建立咱们的优势和壁垒。好业务都要有护城河啊。

"不过找到一个好的行业是个时间点的问题，不能太早也不能太晚。太早的话，投入太大，没有收成；太晚就没咱们的份儿了。"齐总在 IT 行业做了很多年，也一直关注行业内的很多变化，提起商业问题他也有自己的思考。

"而且根本问题是要找到数据的核心价值点。这几年投资界很活跃，企业服务也是个比较热的投资方向。你看国内出现了很多新创的数据分析和人工智能公司，很多背景都很不错，有的是国内数据类高管出身，有的是在国外学完人工智能后回国创业，而且技术都很好，但最后还是要找到创造价值的点，才能存活发展。"齐总还是喜欢回到价值原点来看问题。

"是的，是的。我原来的同事很多都去了银行、消费金融、互联网金融企业，听他们说，很多人工智能企业最后也要在金融行业找业务突破口。最终还是会回到风控、营销这些场景下来找价值点。"叶茂的同事的确在业内分布很广，数据这个圈子很小，流动性也很强。

"数据啊，人工智能啊，说得很神秘、很高大上，其实到头来还要在业务上实现价值。数据类企业要生存，还是要找到价值提升的点，要么降低成本，要么提高收入，总要到业务上练一练。不管你说什么深度学习，什么神经网络，总要在业务里找到价值才行。"齐总有点激动。

"齐总，您说得太对了。除了金融业，这两年我还接触了很多其他行业，有很多都是关乎国计民生的行业，比如，水电煤气、海关这些行业。原来这些行业的数据很少，现在也慢慢开始有了一些数据积累。阿尔法围棋（AlphaGo）让全社会都知道了人工智能和大数据技术，这些行业也有了使用数据的意识，那就需要找人来帮忙。水电煤气这些行业哪怕能改善一点点，也能创造很大的价值啊。"叶茂回想起这两年的忙碌场景，发现其中蕴含了巨大的价值。

"这个里面应该有很多价值可以挖。但是一开始真的不太了解他们的业务，这对于咱们团队的要求很高啊。一定要向客户学习，其实客户里面有很多高人，要向他们学习，了解业务知识，也学习业务经验。单靠数据不能解决一切，还要把人和机器结合起来。"齐总听了叶茂的话，知道自己真的没选错人，面对这样的人才，他能做的就是鞭策和支持。

"想让企业生存下来，就一定要找到改变业务的点，而且得让客户体会到这个价值的提升，客户才愿意付钱。"叶茂深知业务得来不易，两个人相视一笑。

"要找到这种核心价值点，就要求解决方案不断迭代，以适应行业需要。方案要有演进的能力，谁也不知道最终什么方案是最好的。还是要走一步、看一步，这对谁来说都不容易。

"你看做数据和人工智能的创业公司此起彼伏，大家都是在探索，最终谁会'活'下来，谁都说不好。不过只要尝试了，哪怕失败了也是有价值的，至少证明这个是错的。

"蚂蚁找路的时候，就是每个蚂蚁都按照自己的思路去找，最后谁能成功，谁也不知道。但是只要出去探路的多了，这个行业就会有希望。"齐总这样说的确是不想给叶茂压力，不过这也是实情。

"嗯，事因'难能'，所以'可贵'。齐总您放心，我们一定继续努力，找到我们自己的护城河。"

叶茂知道，在数据路上探索的每一个人都要面对的这个考题，谁也不知道答案，但是谁也不会停下前进的步伐。

04

信用卡中心的年轻人

林旭　信用卡中心数据分析师，从人大毕业后曾与叶茂一起实习过，后进入一家银行的信用卡中心，参与新资本协议项目，成长为数据部门负责人，后成为某城市商业银行数据负责人。

1. 表哥表妹

终于弄完了，林旭关上电脑，揉揉有些疲惫的眼睛，站起身来，过去三天他都是这么晚下班的。到了月底，好多报表要再做一遍，各个处室还等着看呢，加班也要干完。

林旭的工作涉及的基本上是 SQL 加 Excel，上个月报表的 SQL 代码还可以用，但是有一些小地方需要修改，比如，新客户的口径这个月又不一样了，不同地区营业部的划分规定也有了变化。这些都不能错，要仔细检查，跑出数据结果，然后更新一个又一个的 Excel 表。

这与他当初想的可不一样。

他上学的时候，在一家叫作凯瑞的公司实习，工作内容是负责零售金融客户的数据分析，实习的那几个月里他很快乐。从小到大他都是好孩子，有好奇心，数学成绩很好。后来考到了人大，选了统计系，在同学中他的成绩依然出类拔萃。

在实习单位，他觉得自己学的东西很有用，在金融行业，统计学可以做很多事情。金融天然就是数据化的，这比其他行业都更有优势。实际业务中的数据，比他想象的大多了，像个海洋，有更大的空间可以游来游去、四处寻宝。

在学习过程中，林旭很主动，主动尝试各种他想做的事情，遇到自己喜欢的事情，他总是很有干劲。虽然很多时候因为经验少，想得不全面，但是他的导师很欣赏他，年轻人就应该敢想敢干，错了改了，就进步了。的确，林旭进步得很快，他也觉得自己就是干这事的材料。实习期过后，林旭回到学校上课，他学得更认真了，觉得这些将来都能派上用场。

最后一年的第一个学期末，很多同学都开始找工作的时候，林旭倒不着急了，因为凯瑞的人力给他打来电话，希望他毕业了能到凯瑞工作。林旭没有拒绝，也没有立即答应，说想再看看，然后给答复。林旭心想：也许还有更好的选择呢？

同学们都在各处投简历，林旭的目标更加明确一点，他想找一份与金融相关的工作。很多金融部门都在招应届毕业生，但是职位一般在业务部门，与数据相关的其实不多。一天，林旭从同学那里听说，一家银行信用卡中心的数据部门在招人，林旭决定去试一试。

林旭本身的毕业学校、专业都不错，与他的同学相比，林旭在凯瑞的实习也加分不少，他接触过一些风险建模的方法和流程，在面试时讲得非常清楚，面试官很满意，林旭顺利地拿到了信用卡中心的职位。

面对手中的两份工作，林旭有些犹豫。在凯瑞他学到了很多，老师也很好，林旭对凯瑞还是有一份感激之情的。但是凯瑞公司的确不大，还在成长中，不是很稳定；而去银行相对更稳定一点，还可以接触第一手的数据，应该可以做更多事情。想象那些模型可以应用到业务中，林旭还是挺兴奋的。他给凯瑞回话的时候，也如实说了自己得到了信用卡中心的职位。他能听出导师陈曦从电话那头传来的惋惜，他心中也有些愧疚，不过每个人都要为自己的决定负责，遵从自己的内心，对大家都好。

林旭如期到信用卡中心报到上班了。他所在的是科技部的数据团队，要管理整个中心的数据，也需要负责各个部门的数据需求。中心有一些固定报表，日报、月报可以固定算出来，这些不用他们管，还有些报表由开发团队负责。

但是到每个月月底的时候，总会有些小的业务变动，重新开发报表上线来不及，就需要数据团队的人跑一些补丁，做成 Excel 表。还有业务部门的一些提数要求，比如，一些营销名单，需要根据各种条件筛选客户，再按要求分成不同地区，做成不同的 Excel 表下发下去。

林旭来了几个月，每个月一到月底就非常忙，平时也在负责各种提数需求，都在与 SQL 和 Excel 打交道，哪有什么挖掘、建模，基本都是筛选求和，在林旭看来真没什么技术含量。

这不又到了月底，加了三天班后，终于做完了。林旭脑子有点麻木，有些疲惫地走出了中心的大楼。旁边有很多高楼大厦，各种金融机构一座挨着一座，街上灯火通明，但是他的路在哪儿呢？

第二天刚来到工位上，市场部的小丁便着急地过来说："你看看，你看看，这不对啊，这地区都错乱了，赶紧返工，今天晚上给我，要不咱们这次活动就赶不上了。"小丁这几天也是焦头烂额，对他们来说业绩压力更大，所以他更着急。

"怎么了，别着急，到底怎么回事儿？"林旭还有点蒙，早上起来的时候头还晕晕的，到了单位就遇到这种事。

"我们这个是要每 500 个客户分成一个名单的，你看这些表，有 499 个的，还有 501 个的，与系统对不上，发下去的话，运营中心的人又要说我们了。"小丁负责这事，中间的利害关系总是更清楚一点。

"差一个两个不要紧吧，你们要得这么急，前两天为这事加班到半夜啊，拆分这些表！你看要月底了，还有那么多表要做呢。"林旭有点激动，其实他也知道，的确是自己做错了，有些恼羞成怒。

这个需求是要按照 500 个客户为一个表分给不同的人，但是原始报表很大，也不是他提取，要是提取的时候直接分开不是更好吗？当时林旭有些情绪，加上月底事情太多，这种从一个表中复制后再粘贴到另一个表中的工作，实在是枯燥。当时做完他连检查的心思都没有，直接就发给了小丁，这不还是出错了。

"老弟这不行啊，这里有的一个客户在两张表里，到时候营销算谁的，绩效核算的时候更麻烦！我也知道你们月末辛苦，但是还得靠你啊，我又不搞定这些数啊、表的，今天再抓紧帮忙弄了吧！"小丁看林旭有点激动，也没有逼得太紧，林旭这小伙子人其实不错，平时也配合得不错，但是这错误还是要改的。

"好吧，我再检查一下，晚上给你吧。"林旭也冷静下来了，错在自己，就要自己承担。

其实当天还有要做的需求工单，不过这个还是要先做完。

林旭找到那些拆分后的 Excel 表，在一个文件夹里，文件名连着数的。当时为了好管理，林旭每做一个表就将其以一个数字串为文件名进行了保存。

看到这些Excel表，林旭想起了在凯瑞实习的日子。那时候一开始做的也是些简单工作，要做很多数据诊断清理的工作，每个数据集的诊断结果都会生成一个Excel表，他们再去一个一个地看汇总的结果。

那时候一个实习生会负责很多个表的分析，一个文件夹里有很多个Excel文件，文件名都是顺序号，非常规整。而且Excel的内容非常规范，都是一样的规格，只是不同的字段有不同的统计结果。

那时候是怎么做到的？林旭记得当时是用Excel里的一个程序，填写一下原始汇总文件的地址，点击一个按钮，所有的报表就会自动更新格式，自动生成Excel文件。好像是用的VBA程序，是在Excel的编程工具里。林旭当时没有在意，觉得这些都是雕虫小技，他每天琢磨着做模型，也没有深入探究，他觉得，会用现成的就好了。

现在这个任务也是一堆规范格式的Excel，每次的操作都差不多，是不是也可以那么做呢？但是这VBA现学也来不及啊！林旭随手在搜索引擎里搜了一下关于VBA的教程，想看看有没有什么简单的办法。

"哦，原来如此，众里寻他千百度啊！"林旭终于找到了一个"解近渴"的方法，原来这个VBA是可以通过录制宏生成的。说干就干，林旭首先找到宏的模块，开始录制他的第一个宏，宏名称设置为"split"，如图4.1所示。

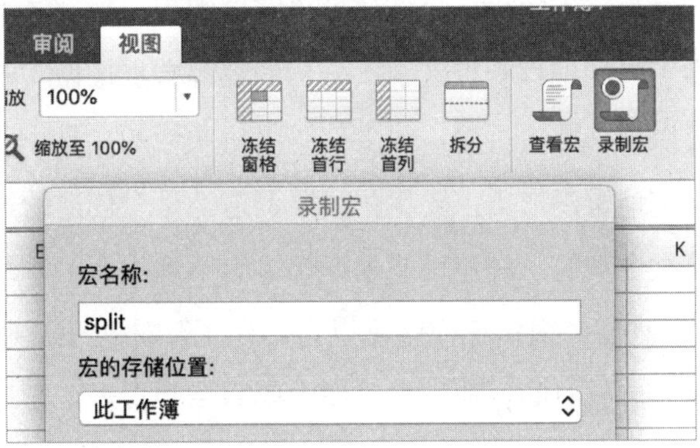

图4.1

接着打开原始表，创建一个新表，保存成一个新的文件。然后从原始表中复制500行，粘贴到新表里。最后修改格式，保存，关闭文件，一个文件便做成了。

林旭结束了宏的录制后，点开这些宏，看看里面到底写了什么，原来这里面记录了所有的操作步骤，是用 VBA 程序表示的。基本的主体没问题了，接下来就要做成循环的，可以重复地做出很多文件。

很多时候，如果知道一件事能做到，那么查找方法就不难了。因为在凯瑞的时候，林旭亲身经历过，这事儿确实可行。这是林旭的强项，从小到大的考试，不就是知道有答案，再去找答案吗？到了实际工作中，更难的是根本没想到，还可以这么做。

经过一番糙、快、猛的学习和操作，程序终于可以运行了，看着一个个 Excel 表不断生成，林旭有点小兴奋，好久没有过这种感觉了。

抽查了一下结果，应该没错，交给小丁，林旭心里终于踏实了。用程序的好处就是，只要原理没错、总数没错，中间就不用太担心，机器能搞定这些。这是机器的强项，它不会疲劳、不会有情绪，忠于职守，只要你的命令是正确的即可。

这个程序当然不完美，每次屏幕上都会弹出很多窗口，需要将其关闭，速度还是有点慢。完成了既定的工作，林旭找来系统的教程，从头好好学习了一下 VBA 的编程，原来 VBA 里还有这么多门道。

如果不想看到这些窗口，加个命令就可以禁用，实际的程序还可以运行。如果担心不知道运行到哪一步了，还可以在 Excel 状态栏加个信息，输出自定义的文字，计算工作完成的比例就像个进度条一样显示。

其实林旭对于编程并不陌生，分析建模也需要编程，处理数据，训练模型。但是分析的编程和做工具的编程有点区别。分析的编程有点像做实验，核心是那些数据，可以尝试，可以翻来覆去折腾，很多代码是一次性的，是个发现的过程。而做工具的编程，要稳定地重复产出，要优化，要调适，是个创造的过程。两种工作各有乐趣，如果不是这个契机，林旭可能永远都体会不到。

有了 VBA 这个武器，很多工作就可以自动化了。林旭还帮业务部门同事做了一些小工具，帮他们节省时间。他们在工作中要写一些报告，要重复性复制粘贴很多 Excel 表和 Word 文件，这些都可以一键生成，减少了好多错误。

中心的很多人都认识林旭，因为他的"VBA 魔法小程序"帮助了很多人。

可能这与林旭原来想的不一样，他曾经一直想做模型，做挖掘，不过一直没有机会，没想到最后一个 VBA 程序帮助了他。世事无常，不管什么本事，先能帮到人再说。

林旭自己心心念念的事情什么时候能实现呢？

2. 初遇贵人

信息卡中心其实是有模型的，是前两年做的。当时是咨询公司帮忙开发的，不过业务中并没有实际使用，仅在审批流程中作为参考。

模型做了却没有使用，林旭也不知道是什么原因，可能是因为模型还不太稳定。金融风控都是稳健为先，改变一种审批方式还需要很多论证。

林旭平时还是要做很多报表、提数的工作。这些工作有些重复，但如果是有心人，就还是能从报表中看出很多门道的。林旭在凯瑞学习建模时，前期的一些工作是要统计各种指标，分析风险状况，比如，Vintage 分析表，如图 4.2 所示。

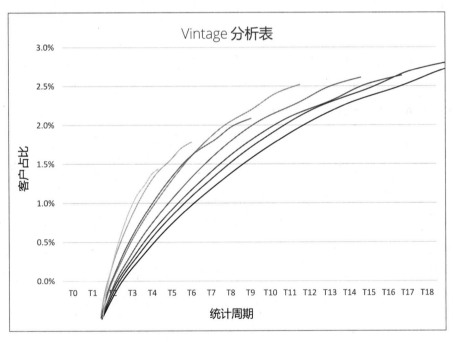

图 4.2

林旭从建模的角度，也模拟着做过很多尝试汇总。虽然模型做不成，但平时看看这些数据也好，说不定哪天有用呢。

林旭平时也很关心风控部门的动向，听说最近信用卡中心的风控部老总换了，新的负责人程总是从国外回来的，原来在美国的 Capital One 公司工作。这次风控部门的人事变动是事出有因，估计与最近行里要做的新资本协议合规工作有关。

国内银行也都在做新资本协议的合规工作，其中免不了要做内部评级的工作，需要建立各个业务条线的资本计算模型。信用卡业务是零售业务的重要部分，也是必不可少的部分。

总行的建模工作是由大型的咨询公司负责的，市场上三家大公司承担了大部分的银行建模项目，这次总行聘请的也是三家大公司中的一家。

而信用卡中心是个例外，这次新来的程总想法不一样，他决定由信用卡中心自己组建团队来开发评分模型。模型开发团队由程总专门负责，成员包括数据部的人，风控部的业务人员，还要从行业的咨询公司找一些有相关经验的人。

每个成员程总都要重新面试一番，不管是外招的还是中心内部调配的。林旭工作出色，大家都知道，自然而然进入了候选名单。林旭第一次进入风控部老总的办公室时，心跳得有点快，他知道这次机会非常宝贵。

程总坐在对面，是位非常职业、优雅、干练的女性，手边有一份林旭的简历。

"小林，你好啊，我看你是学统计的，还在凯瑞实习过，做过一些建模的实习。你对咱们中心的数据情况怎么看？你来公司也一年多了，说说你的看法。"程总并没有提与具体建模相关的技术问题，却问了一个开放性的问题。

林旭知道这种问题回答得可深可浅，外行看热闹，内行看门道，什么样的回答都可以，但也都能体现回答者的水平。

"我觉得现在建立申请模型数据是可以的，而两年多前的模型做了很多妥协。"林旭开门见山，说出了他的想法。

"做出很多妥协，怎么讲？"程总有点惊讶，这个年轻人如何能得出这种结论。

"我们每个月都会出很多报表，比如，汇总客户数，计算月底的风险状况。我曾经计算过两年多之前的情况，那时的风险客户数是不多的。在当时的情况下，信用卡中心实际运营业务的时间并不长，客户数也就 100 万左右，发卡初期的风控还是非常严的，逾期的不多。

"而且建立风控模型是需要观察窗口的，如果看 Vintage 分析的结果，起码要 12 个月的表现期，那么风险客户就更少了；如果还是用 90 天逾期作为标准，那么就根本达不到建模的要求。

"我估计是放宽了风险客户的定义标准，比如，用 60 天逾期或以其他条件作为标准。"林旭说得有理有据，猜想很大胆，同时也有数据支持。因为这半年他都在琢磨这件事，模型没有用起来到底是什么原因导致的，除了流程变革的困难，是不是还有其他的原因？他从数据本身出发，还原当时的情景，找到了一丝线索。可能这并不是核心的原因，但是数据确实证明，这里面有一些潜在隐患。

"那你为什么说现在可以了呢？"程总嘴角有一丝稍纵即逝的笑容，紧接着追问。

"因为最近两年半，中心的业务规模成长得很快，用户数增加得也很快，而且从 Vintage 的图上看，越到后来，用户的风险越高，所以风险客户的样本也增加了许多。从最近一期的报表看，客户数量基本可以支持正常的建模。当然，风险变高了虽然有助于建模，但是对业务可能不太好。"林旭不仅谈到了建模，也说出了对于风险状况变化的担忧。

"这个是正常的，要扩大业务，风险的确会增加一些，一点风险也没有，那也就不要做业务了。金融的核心就是风险管控，没了风险，咱们也就不用做模型，不用费这功夫了，你说是不是。"程总看到林旭担心的样子不禁笑了笑。

程总又问了一些与建模相关的数据问题，林旭也都能回答上来，毕竟与这些数据打了一年多的交道，各个数据基本都记在心里了。

"你有什么问题吗？"程总问得差不多了，便把问题抛给了林旭。

"嗯，我能问问为什么咱们中心要自己做模型吗？我听我的同学说，他们银行都是由那些大的咨询公司做模型的。"林旭的这个疑问一直挂在心里，他也担心这个可能不应该问，因为这是管理层的事情。自己做模型对他来讲是个机会，干吗要多这句嘴呢，但他还是情不自禁想问。

"你这个问题很多人都问过我。其实我是希望能培养一支数据分析的队伍。我在美国时在 Capital One 公司工作，你可以去看看 Capital One 的历史，它原来很小，后来一路兼并，成了美国最有竞争力的信用卡公司之一，其实靠的就是数据分析。

"Capital One 最早的时候也是请咨询公司来做，就是给咱们总行做咨询的这家公司，它在美国也很有名。后来 Capital One 慢慢发展了自己的分析团队，在各个业务部门都用上了数据分析，风控、营销、客户挽留这些都是数据化的。他们的总体风险其实不低，但是因为管理得好，收益更高，竞争力也是最强的。

"这次项目自己做比较辛苦，但是我相信咱们不仅能做下来，而且会拥有一支能'打仗'的队伍，就靠你们这批年轻人啦！"程总一口气说了很多，这里面有她的经历，也有她的目标。

"明白了，程总。如果能参与这个项目，我一定尽力做好。"林旭也感到了一阵压力，看来这次的任务不容易。

说到 Capital One，林旭以前并没有听说过。听了程总的介绍，林旭对这家公司还挺好奇的。他到网上找到相关的资料，才知这家公司不简单。Capital One 从一家地方性小银行的信用卡部门逆袭成为美国前十大银行和排名在前三位的信用卡公司。Capital One 的业务最初是信用卡业务，其中大量使用数据分析方法也是有原因的。

第一，信用卡业务接触客户的机会多，每个月都有交易动作和还款动作，而一般的房屋贷款、汽车贷款并不会这样，这些业务除了每个月还款一次，就没有其他客户行为了。业务数据维度越多，就越能反映消费者的特征和信息。

第二，信用卡业务量庞大，有些银行能发行几千万张信用卡，每张信用卡的贷款金额不大，这就需要进行数据化、自动化的管理。因为金额比较小，所以每个批卡动作都是一个小的决策，影响不大，同时数量又多，对时间性要求较高，故特别需要进行数据化、智能化的管理。

如果一个决策非常重大，影响很大，但是数量比较少，决策的隐形信息比较多，那么一般就不适合用数据化、自动化、智能化的方法。比如，一些大额的企业贷款，需要长时间、多步骤地调研，一般还是使用以人工为主的方法。信用卡的这些特点也是 Capital One 业务数据化的基础原因。

"现在的信用卡中心不就是 Capital One 的初期吗，将来还有很多事情可干！"林旭仿佛看到了未来的样子。

数据化、智能化这件事切实可行，而且见证这一切的人——程总——就活生生地在面前，接下来就看如何一步一步走过去了。

前方的路也许并不平坦，但林旭相信机会总是留给有准备的人。但行善事，莫问前程，要做好眼前的信用评分工作。

3. 信用评分

风控部牵头成立了新资本协议的项目组，组里的技术人员有的来自中心内部，有的是社会招聘外聘的。

从数据部抽调的除了林旭，还有一个负责数据的，叫蒙田。蒙田在欧洲拿到了学位，毕业回国来到中心工作，一直在中心负责数据平台，对数据非常熟悉，这次也被征召进了项目组。

组里的Cathy负责建立模型，她原来在咨询公司工作，做过新资本协议的项目，程总招她也是看中了她的经验。

整个小组的人并不多，但都是程总亲自面试挑选的，整个项目也是程总亲自主持的，各个阶段的项目进展汇报，她都会参加。这样一方面可以保证项目顺利进行，另一方面，程总也想更好地了解每个人的能力和特点，这些人都是未来的数据分析团队的主力。

项目的核心工作是建立信用风险申请评分卡和行为评分卡。信用卡业务的风险管理中有三大风险：信用风险、市场风险和操作风险，这三个风险明确地写在了银行监管的新巴塞尔资本协定（简称"新巴塞尔协议"）里，都有特定的方法来计量。最核心的是信用风险，是客户不能及时还款产生的风险。

申请评分卡在客户申请时用，利用客户的申请信息和信用记录额评估客户风险；行为评分卡是在客户正常使用卡时，不断评估客户，随时提示风险。

本质上这两个评分卡都要预测客户未来会不会有风险，只是在客户开始使用卡后，行为信息更丰富了，能用的数据也更多。所以两个模型都要面对一个问题，那就是如何定义一个客户是不是"坏"客户。

项目开始前，林旭就一直跟踪客户风险的变化，定义"坏"客户这件事情就由林旭负责。

"从图上看，我们的风险状况的确有上升的趋势，在15个月之后有平缓的趋势，结合客户的对比图，建议采用15个月的窗口周期。"阶段汇报会上，林旭解释了他的数据结果和建议。

"会不会有点短？我看这些数据还在缓慢上升。"Cathy 问道。

"因为再延长的话，对于数据的要求就更高了，可能对于统计性会有些影响，大家可以看看不同定义的数据结果。"林旭打开下一页 PPT，是一组对比图表。

"从数据上看，15 个月还是合理的，如果定义 18 个月，客户减少得就比较多了。"蒙田在前期帮助林旭进行数据的汇总，也赞同他的说法。

Cathy 没有提出更多的反对意见，程总看了看大家，说："好的，那就这样设定。接下来的模型训练你们多讨论，由 Cathy 总体把握。"

申请模型的自变量相对比较简单，主要是申请表上相关的数据，一些是信用报告的数据，数据处理会快一点，建模的速度也比较快。Cathy 很有经验，初版模型很快就出来了。

"我觉得模型的效果还好，不过有一个变量大家有不同意见，那就是地区变量是不是要加到模型里。这是加与不加地区变量模型的结果对比。"在初版模型汇报会上，Cathy 抛出了一个变量选择的问题。

"其他银行做的时候都是不加这个变量的，所以建议我们也排除这个变量。"Cathy 说。

对于这一点，林旭有自己的意见。他说："加入了地区变量之后，模型的 AUC 值会和 KS 值都上升，说明还是有效果的（见图 4.3）。"

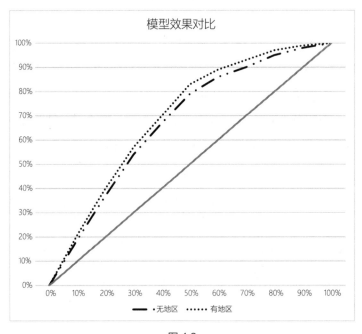

图 4.3

"其他银行不加，可能是因为不同时期的结果不稳定吧。我统计过相关数据，这几个省的逾期率一直都较高，所以我觉得可以作为变量，蒙田你觉得呢？"林旭转向蒙田问道，数据统计时蒙田也参与了。

"的确，这几个省的逾期率这两年都是相对较高的。但是我觉得可能也不合适。建模的事情我不专业，但是从业务上讲，我觉得这可能与业务发展速度有关。你看这几个省都是发展比较快的，也许本身的来源就比较复杂吧，所以逾期率也会高一点。具体原因我也不知道，只是我的个人意见。"蒙田虽然一直在数据部门，但是思考问题习惯从业务角度出发，这一点也出乎林旭的意料，本以为蒙田会支持他，没想到他会这么说。

"程总，您觉得呢？我还是觉得不应该加入这个变量。"Cathy 望向程总。

大家也都把目光投向了程总，程总望了一眼林旭，说："我同意 Cathy 和蒙田的看法，先不加这个变量。我们建立模型是希望找到客户本身的特征，但是地域的差别很可能是不同区域营销策略的差别所导致的。未来中心会有不同的绩效考核方法，可能这种模式就会抹平，甚至会反转，那时候再用这个模型就不合理了"。程总从总体管理角度说出了她的考虑。

接受这个结果，林旭本能上还是有点难受的，不过这个事情也给了他一个警醒。他从数据出发，没有错，历史上的数据不会撒谎。但是对于数据的解读，却是因人而异、因时而异的，理解数据不能脱离业务，要从业务层面想得更深一层。

Cathy 在完善申请评分卡时，林旭和蒙田也忙着行为评分卡的工作。

建立行为评分卡比申请评分卡更复杂一些，因为行为评分卡有两个数据窗口：一个是观察窗口，另一个是表现窗口，如图 4.4 所示。

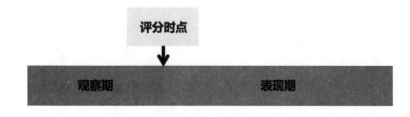

图4.4

行为评分卡的 X 变量要比申请评分卡复杂，因为客户行为数据可以衍生出很多变量。

Cathy 的经验帮了很大的忙，Cathy 根据经验把观察窗口定为 6 个月，同时还列出了一系列的 *X* 变量的表。这些变量一部分在其他项目中用过，再加上组里人一起讨论，还生成了一些新的变量。林旭和蒙田负责这些变量的合成，最终形成宽表。

林旭在凯瑞实习时做的是申请评分卡，行为评分卡没接触过，这次也是长了见识，很多变量他也没想到。

客户这六个月的行为原来可以做各种各样的组合，比如，刷卡交易量有数量、金额、近期程度等，还有使用循环信用的情况，更重要的是曾经逾期的次数和程度。这些变量又可以根据不同时段进行统计组合，有个思考路线图就不会遗漏了。

合成了这些数据宽表后，再结合客户的风险表现，就可以建立客户未来逾期概率的预测模型。虽然林旭不负责做这个模型，但是他忍不住还是想试试。建立模型前他还是想先看看，每个变量到底有什么用。这与他原来做报表很像，无非是计算指标和维度。指标就是用总体逾期率；而维度，以前做报表时都是对比各个营销中心、不同地区，现在换成这些自变量就行了。比如，过去六个月的刷卡量，刷得很少的当然没有逾期的机会，但是刷卡量很大的也不一定风险就大。但是如果用刷卡量除以当前卡的额度，也就是额度使用率，就更明显了，额度使用率高的，显然风险会高很多，如图 4.5 所示。

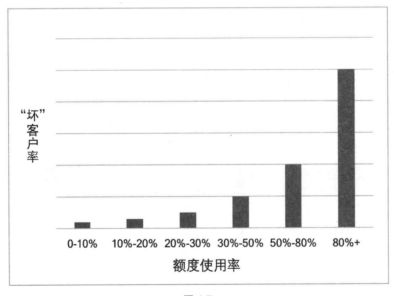

图4.5

林旭一个一个看过这些关键变量后，心里大概有个谱。建模的结果估计也差不太多，Cathy 最后的模型也佐证了这一点。

对于这种关键变量非常明显的模型，林旭大概也能理解这些变量产生的原因。在做报表的时候留心一点，就能理解业务预测的关键因素了。

其实我们的脑子时时刻刻都在建造模型，评分卡其实是把脑子里的这些模型变成数字，让机器能自动执行，这与当初用 VBA 自动处理报表的原理是一样的，没什么神秘的。

现在林旭毕竟经验不足，还没有资格负责最后的模型构建，但早晚有一天他要独当一面，他也相信会有这么一天，他需要的是一次机会。

4. 客户细分

信用评分项目进行得很顺利，模型顺利通过了合规的评审。建立新资本协议的模型的基础作用是为了合规，但不仅可以用于合规，在实际风控业务中也可以使用。

项目结束后，模型还需要维护和开发，Cathy 留在风控部的计量部门负责后期的模型升级维护工作。林旭和蒙田也从数据部被调到了风控部，负责后期客户分池等具体的模型应用工作。

行为评分模型会用在日常客户市场运营上，在分期业务、额度调整等过程中，模型就会根据行为风险评分排除一部分客户。比如，额度提升的主要目的是扩大业务，刺激非活跃卡进行交易，这时就要排除风险比较高的客户，否则交易量增加了，风险也会增加，得不偿失。所以模型会规定最低的分数，行为评分低于这个分数的客户是不能进行提额的。这个最低分数的小小变动，就会影响不同部门的工作绩效，牵一发而动全身。"上午市场部老总和程总开会时提议，希望咱们调低一点风控分数标准，否则这个季度的考核任务很难完成。"蒙田参加了会议，将会上的一些情况说给林旭听。

"程总怎么说？"林旭很想听听。

"程总当然没同意，如果同意了，那么坏账风险就会增加，咱们风控这边也不好做。"作为风控部的一员，蒙田当然支持程总，说完转身去送材料了。

林旭也理解大家都有苦衷，标准放得开一点，风控部不好做；收得太紧，市场部就会有完成任务的压力。鱼与熊掌不能兼得，怎么做才好，林旭也看过一些资料，但是心里还是没底。

"林旭，程总叫你去他办公室一趟。"蒙田回来，叫醒了陷入思考的林旭。

"噢？是什么事情？"林旭心里嘀咕着便走向程总的办公室。

"最近市场部那边对咱们有很多意见，说风控不放开，任务完不成。其实我也不想看到这种情况，毕竟风控本质也是要支持业务、为业务保驾护航的。"林旭知道程总的压力不小，中心业务发展很快，各个部门都有指标，最后都是要用数据说话的。

"程总，你们在国外是怎么做的？"林旭心里有一些疑惑，正好可以问问程总。

"我们原来其实不只是看风险，还要看总体的。风险分数的门槛是可以放低一点，但是也要看能提高多少业务量。所以很多额度调整都是要看收益评分、刷卡量评分这些指标。"程总的话印证了林旭的猜想，他看过的资料里也说过这方面的做法，只是的确没有实际做过。

"那是不是咱们也可以建立流失的模型和收益的模型？"林旭尝试着提出自己的想法。

"我也是这个意思。你探索一下，看看咱们现在的数据是不是支持。"林旭就等着这句话呢，看来程总已经想到了这一层。

"好的，我看看具体的数据情况，再向您汇报。"林旭心里不是特别确定结果，但是隐约觉得应该有机会。

经历过上次的项目，林旭知道跑个回归模型简单，不简单的是设定关键变量和了解业务的实际情况，所以在前期他还是想听听蒙田的意见。

"说到收益模型，有个问题我想听听你的意见。信用卡收益包括交易手续费和循环信用的利息，从报表里看，这两个都有贡献。所以一个客户如果是信用卡收益高，那么刷卡量就会高一点，同时循环信用也会高。但是循环信用高的，坏账率也高，这个总收益里要包括坏账损失吗？"林旭问道。

"我觉得不用加，因为原来有一个行为风险模型了，这个就单纯一点，不是最后还要组合用嘛。"蒙田总是能从业务角度帮助林旭解决疑惑。

林旭也拿不定主意，于是只能先做，看看前六个月和后六个月刷卡量的关系。

指标定义成后六个月的流失率，维度可以使用不同客户行为来定义。数据的确显示了一些规律：最近刷过卡的，未来的流失率比较低；过去刷卡次数比较多的，未来流失率也比较低；过去金额比较大的，流失率也比较低。

换了不同的指标定义，总体的模式差不多。看了这些图，林旭心中踏实了一些。从这些图就能看出，趋势还是挺明显的，建模的效果都不是问题。的确如林旭所料，模型的 AUC 值和 KS 值都不错，林旭也向程总汇报了他的结果。

"怎么样，你觉得可行吗？效果还不错吧。"程总看着林旭那按捺不住的兴奋，关切地问。

"挺好的，您看看结果，还比较有效。"林旭打开材料，把结果展现在程总面前。他也知道程总最关心什么，于是便把关键的几个点做了汇报。

"与我想象的差不多，具体的窗口定义可以再完善一下，估计不会有太大差别。"程总点点头，仿佛心里的一块石头落了地。

"程总，我觉得这些模型做完了，在用的时候可以结合着用。"规定动作做完了，林旭开始加一些自选动作了。

"你有什么想法？"程总有点好奇，这个年轻人还能折腾出点什么。

"这是结合这几个模型做的策略图，您看，风险、收益、流失这几方面可以结合。"林旭指着 PPT 的最后一张图（见图 4.6）说道。

流失倾向	风险评分	收益评分	额度提升额
高	高	高	5,000
		中	2,000
		低	—
	中	低-中	—
		高	1,000
	低		—
低	高	高	2,000
		低-中	—
	低-中		—

图 4.6

"想法不错，但是咱们需要整个中心统一考虑。别着急，你先把资料发给我，我再看看。"程总若有所思，并没有给林旭特别肯定的答复。

从程总办公室出来，林旭心里有点小小的失落。不过不管怎么样，他终于还是自己做了模型，在这个过程中他也学到了不少。

其实模型容易做，做模型之前的这些思考反而让他收获更多。这些模型不像风险模型那么常用，Y 变量的定义、X 变量的定义也不像风控模型那么有章可循，所以这些模型需要更多的思考和对比。未来还有很多模型要做，除了建模技术，业务上的思考也必不可少。

5. 客户价值

转过年来，开年伊始，中心也发生了很多变化，让林旭觉得有些突然。

原来的市场部老总回总行工作了，中心提拔了新的市场部老总。程总从风控部老总升为了信用卡中心的副总，除了管风控，还管理一个新的团队——数据分析组。这是个专门成立的团队，负责全公司各个部门的分析建模工作。这个数据分析组人数不多，分析组的组长就是林旭。

程总在上任之前，就找林旭谈过："小林，中心要成立一个独立的数据分析部门，你怎么看？"

"我听中心领导在新年致辞中说了，今年重点是让咱们中心提升管理水平，更好地利用数据，还提到了像先进的同行学习，比如，国外的 Capital One。"林旭从新年致辞中听到这些时，就觉得未来这一年可能有所变化。

"是的，中心领导非常支持，过去一年的多次会议上，中心领导都在强调数据化的事情，但是这个需要团队具体落实啊。所以成立数据分析组也是开头，希望能从具体的事情做起。我想让你来负责这个工作，你有什么想法？"程总问道。

"中心这几年的变化还挺大的，中心领导对于数据也越来越重视，业务中用到数据的地方也越来越多，我们可以做很多事，谢谢程总的信任，我一定完成任务。"林旭现在才理解当初程总说的话。

上任伊始，程总希望数据分析组向大家介绍一下国外的经验，结合中心的实际情况，让大家了解数据驱动的情况，同时也让数据分析组亮亮相。

林旭知道这是个难得的机会。数据组的几个小伙伴也很有干劲，搜集资料、统计数据、制作报告，有条不紊地为报告做着准备。

这天报告会场中的人来得很齐，中心各个领导和核心骨干都在。上台之前林旭心里怦怦直跳，等到他站到台上，拿起遥控器开始做报告的时候，反而平静了。林旭看到程总坐在下面，心里踏实了一些。

"今天给大家介绍一下 Capital One 的经验，供大家参考。"林旭的报告终于开始了。

"我们经常听到'二八定律'，其实在金融中是 20% 的最好的客户贡献了 125% 的利润，大家看看这张图。"介绍完 Capital One 的基本情况，林旭指着大屏幕上的一张利润分布图（见图 4.7）开始为大家讲解。

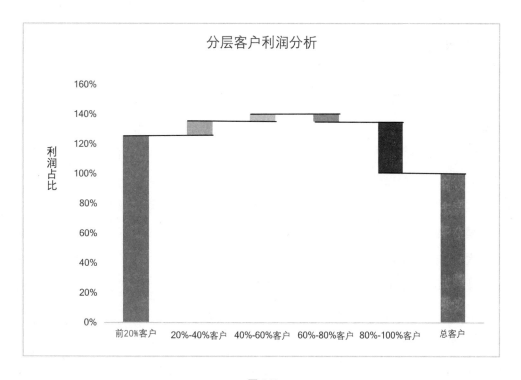

图 4.7

"这张图是客户利润的分布图。按照客户的利润从高到低排序，前 20% 的客户贡献了 125% 的利润，而中间 60% 的客户总体的利润占比是 10%，最后面的 20% 的客户其实造成了 35% 的损失。所以根据客户的价值来进行细分是重点。"

"是的，在 Capital One 我们的确将客户分为很多类。针对不同的客户，营销和风控也是不一样的，要不断测试他们的优惠策略和产品策略。"程总顺着林旭的数据总结道。

整个报告林旭讲得非常流畅，中间程总也适当地分享了国外的一些经验。林旭也知道程总的意思，她是希望大家知道数据的作用，这并不容易，前几年做了很多基础数据的工作，有了基础的模型，但还有很多地方可以做得更好。

林旭原来的研究终于可以派上用场了，不同的模型可以给不同客户评分，根据这些分数，不同客户又会被打上不同的标签。这些分数都是在不断更新的，客户的标签也在不断更新，所有的策略都在实时地变动。

行销部门使用这些标签可以提高活动的响应效果；风控部门使用这些标签可以及早发现漏洞、调整策略。

半年前林旭向程总展示过的那张图，就很能说明问题，现在的工作是要真的落到实处。

额度提升的策略不只需要看风险分数，还要看客户流失倾向和收益分数。核心思想是把提额的效果最大化，可能是挽回流失客户，可能是提高使用量，当然，是在风险可承受的范围内。所以，提额最高的是低风险、高收益、高流失风险的客户，这部分人最应该被提高额度。

这些政策要落到实处，市场和风险的配合最重要。市场部当然有自己的考虑，做到精细化之后，同样的提额指标下，能找到合适的目标，对于业务增长的帮助也是最大的，所以市场部也愿意配合。

业务部门得到了好处，自然就开始有了更多想法，后来各个业务部门也开始提出自己的需求，并且需求各种各样。市场部的营销活动要做到个性化，给不同的人推不同的商品和服务。分期业务的额度和手续费也要有差别，因为手续费太低，可能覆盖不了风险损失，影响利润；手续费太高，又会造成逆向选择，导致好客户都到其他银行贷款了，因此就要做到按风险差别定价。电话营销还要考虑风险和响应度的平衡，不能一刀切。这些需求层出不穷，都需要做大量的测试和分析工作。

林旭的数据分析组的人员也在不断增加，但也要加班加点工作。虽然有点累，但是组里人都很有干劲，因为自己的工作有价值，而且能被大家尊重。

这一天，林旭被叫到程总的办公室。程总从桌上拿起一本英文书，递给林旭。林旭看了一下书名，书名叫作 *Strategic Database Marketing*，如图 4.8 所示。

图4.8

"这是我在美国工作时读过的书，你可以看一看。"

林旭拿过来，是原版书，还挺厚。他翻了一下，里面都是程总当年读的时候用红笔勾画的重点，还有很多红笔写的英文批语。

"这本书可以借鉴，名字虽然叫作 *Strategic Database Marketing*，但是讲了很多数据驱动业务的例子，对于客户价值也有不错的模型可以参考。国内的情况可能与美国的实际情况不同，但还是可以借鉴的。"

"好的，程总，我回去好好读读。"林旭合上书，将其抱在怀里。

"不只是让你好好读书，还要将书中的内容用到工作中去。除了努力工作，你还要从整体上想想。作为数据组的负责人，除了埋头拉车还要抬头看路。"林旭从程总的话中感受到了压力，也感受到一种期待。

林旭回去把书复印了一下，便把原书还给了程总。因为他也习惯在书上写写画画，画在程总的书上总归不好。

这本书林旭从头到尾看了好几遍，里面有些内容他原来也尝试过，看来数据驱动的方法殊途同归，有很多共通的地方。但是对于客户整体价值的测算他的确没有试过。书中举了金融行业的例子，来计算终身价值。一个表看上去简单，其实背后需要各个维度的支撑，才能更好地衡量客户未来的价值。这需要的是时间的积累，不是一蹴而就的，这些都是每天一步一步工作做出来的。

林旭的工作更加忙碌了，业务中能用数据的地方越来越多，客户的终身价值模型正在一步一步地建立起来。

当初林旭一门心思想做模型，现在模型越来越多，每天几十个模型在运转，他反倒理解了，模型其实不是目的，只是工具，最后还是要回到业务上。能在业务中发挥作用，即使是简单的规则，对客户的细分也能发挥作用。

6. 新的方向

除了做好日常工作，林旭还从更广阔的范围来审视自己的工作。改变了观念，林旭让自己的视野也变大了。

信用卡是客户的一个业务，一个客户的总体价值其实体现在其他业务上。上个月和总行零售部的人还聊过，信用卡做得好，对总行的客户也有帮助。很多客户是办了信用卡，又办了借记卡，还带出了很多其他业务。

国内信用卡发展得很快，同时消费金融公司也越来越多。国外的汽车金融公司，贷款时除对金融有促进作用以外，对车辆的销售也有促进作用。所以贷款不只是考虑自己的业务，还有很多附带的效应。

一些互联网公司也在发展贷款业务，比如，京东白条、阿里巴巴的借呗和花呗，这些都借助自己的数据在做贷款业务，他们考虑会有更广阔的客户价值。这些业务的发展都离不开数据的作用，所以相关的人才也非常抢手。信用卡是银行体系中数据化最早、运用最全面的业务，所以各个信用卡中心的人都很抢手，总有猎头打过电话来，介绍各种机会。

林旭也接到过很多猎头的电话，但是想到自己在中心的很多想法都没有实现，就没答应猎头的请求。不过蒙田反倒比他变动得早，半年之前蒙田便去了一家消费金融公司，做风控总监，离开之前和林旭吃过一次饭，离开后工作就非常忙，难得一见了。

最近林旭又接到了一个工作机会，国内一家城市商业银行在做数据化转型，除找国际的咨询公司做敏捷化转型以外，自己也在逐步建立自己的数据团队。猎头在帮忙找数据团队的负责人，很自然地找到了信用卡中心的人，找到了林旭。

"可以见见，看你们的时间安排吧。"林旭倒是想听听他们的想法。

周末林旭特地去了一趟这家城市商业银行，见到了主管科技的副行长，听副行长介绍了行里目前的情况："我们请了国际咨询公司做了敏捷化转型，建立了数据平台，但还是需要人真的把数据落到实处。有人说花了很多钱，看来也没什么用，我们需要把数据与业务结合起来，我们需要这样的人才，所以也期待你的加入。"

"你们是想做信用卡业务，还是其他什么业务？"林旭问道。

"我们对于客户的挖掘还不够，也在不断地寻找自己的优势业务，做深做强，没有数据肯定是不行的。如果你能过来，就可以结合一个客户做全方位的分析了，不只是信用卡，还有其他各种业务。

"国外的一个银行家说过，他们现在是一家做银行业务的科技公司，咱们可能短时间内还做不到那样，但是也要做一个用科技的银行。"副行长说道。

林旭又见了行里的董事长，全行上下都有这个意愿，也的确投入了很多资源。

林旭没有马上答复，这对他来说是个机会，不过他也要考虑未来的发展。他一时没有答案，这时候想起了蒙田，蒙田当初是怎么想的呢？听听他的想法，说不定能参考参考。

坐在回北京的列车上，看着窗外风景匆匆掠过，林旭若有所思。回头看自己这几年的经历，也是在忙碌中匆匆过去，人生就像这列车，他的下一站在哪里呢？

05

数据驱动风险管理

蒙田　金融科技公司首席风险官。曾在一家银行的信用卡中心工作，后转入金融科技企业负责风控工作，在工作中使用数据提升管理水平，建立数据驱动的风险管理方法和流程。

1. 数据说话

月末总结会一结束，主管风控的副总——陆总找到蒙田，劈头盖脸质问道："你看看你们这个审批效率，业务部门今天在会上说，他们这个月的业务完不成，是风控部门拖了他们后腿，你怎么解释？"说着，陆总把一沓 PPT 演讲稿摔在桌子上。

蒙田不知道发生了什么，翻开 PPT 演讲稿，翻到一个汇总报表，看到那页写的是最近一个月审批团队的审批率，在规定时间的审批完成率为 88%，按照规定应该为 95%。

"陆总，您是说这个完成率吗？最近申请量增加得比较快，我们审批团队加班也比较多，不过我们内部的报表我每天都会看，完成率都是达标的。可能数据统计上有些出入，我回去让人看看再回复您，怎么样？"蒙田相信自己的团队做得不错，这里面一定有一些问题。

"嗯，你先去看看吧。我知道你们团队最近也很辛苦，最近业务压力大，营销活动多，申请量增加得也很快，你看看到底是什么问题，如果人手不够，就要赶快解决。"陆总坐下来，语气稍微缓和了一些。

蒙田知道，陆总还是非常支持他的工作的，这么着急，一定是在月度会上被市场部的老总挑战了，现在公司上下都以业务量为先，业务部门压力也很大，看到这个数据难免会在会上多说几句。

"陆总，您放心，我尽快把结果弄出来给您。"蒙田知道现在多辩解也没有用，最后还是要靠数据说话。

三个月前，蒙田从一家银行的信用卡中心转到了这家消费金融公司，担任风控总监。工资翻了一番，但每天也是压力山大，原来在信用卡中心也是在风控部门，不过负责的工作偏数据多一点，现在要负责整个风控部门方方面面的工作，工作内容不那么单纯了，对风控的理解也扩大了许多。

回到部门，蒙田找到风控部内部负责数据分析的小刘，具体分析一下这个问题。

"小刘，早上陆总给了我一个数据，说咱们审批完成率为88%，影响了市场部的业绩。我看平时你给我的数据都是达标的，为什么会有这种情况？"蒙田也有些疑惑。

"蒙总，您看的报表是什么时间段的结果，具体有多少申请，有多少审批？"小刘负责风控部内部平时的报表，对这些数据非常熟悉。

蒙田翻到那一页："这是个汇总的表，是个月度表，在月度会上看的，不会太具体。总数是 6 304 笔，在规定时间内完成 5 722 件，完成率为 88%。"

"这个总数差不多，但是咱们自己的报表一般不算这个总的完成率，因为有的申请要查中国人民银行数据，有的是下班时候申请的，咱们对审批团队的考核，都符合规定的申请的完成率。"小刘一句话点醒了蒙田。

"对了，可能是这个原因。最近老听审批团队的人说，周一特别忙，加班到很晚。小刘，你把上个月申请的客户细分拿来看看，下班后申请的、周末申请的都分开来。还有，对于审批时间特别长的，看看是什么原因导致的。"蒙田想到了可能的原因，但还要进一步的数据验证。

"好，我回去整理数据，今天下班前一定给您。"小刘知道这个事情不能拖，要尽快找到原因，给出解释。

下午四点多，小刘就拿着笔记本电脑来找蒙田，汇报他的整理结果。

原来这个月周末的申请量一下子提高了，但是因为系统统计问题，周末下班后的申请与平时一起统计，直接按照 24 小时的周期统计了完成率，所以一下子下降了不少。

　　风控内部的报表是部门自己计算的，公司的固定报表是系统部开发的，平时没出过大问题，人们也没有特别追究这个指标的定义。针对这次出现的情况，蒙田得赶紧找系统部沟通一下，把指标都统一好，否则大家数据基础不同，也没法讨论。

　　"数据是个好东西，但是用不好就容易被误导，很多时候总数、平均值都是笼统地统计，真实的情况就要细分来看。小刘这次做得不错，继续努力。"蒙田说。

　　数据的经验给了蒙田更多自信，原来数据的作用不只是建模，也体现在具体的工作和分析思维上。要应付工作中的各种挑战，就要分析分析，分而析之，是解决各种矛盾的思路。

　　"嗯，这次我也明白了，很多时候还是要留下明细数据，如果都是直接汇总看，那么很多门道就看不出来了，这巧妇难为无米之炊啊。"小刘虽然参加工作时间不长，但是悟性倒是不错。

　　"不过这申请量越来越多，咱们这儿的审批员流动性也挺大的，我这根弦每天都紧绷着，要不定哪天就出事了。"虽然这次的事算是过去了，但是在这种工作压力下说不定哪天会出事。

　　"我看很多人都在说大数据风控，咱们是不是也做做模型。"小刘跃跃欲试。

　　"这个模型要先有数据才行，现在咱们的数据量还不大，还做不了模型，咱们先把数据收集好。"蒙田解释道，他也理解小刘的愿望，做数据的都想多学习些技术，也好提升自己。

　　蒙田原来所在的信用卡中心，经过多年的发展，用户众多，数据也比较丰富。但是现在这个消费金融公司，业务开展时间较短，很多数据还积累得不够。蒙田负责的是风控业务，不是数据部门，不管有什么数据，先把业务做好才是正事。别管什么大数据，先把小数据用好，帮上业务的忙就不错了。数据总是跟着业务跑的，业务发展到哪儿，数据就用到哪儿。

　　蒙田面对的不只是内部的挑战，接下来的市场变化更让他始料未及。

2. 数据源头

　　来公司一年多了，蒙田对公司的分期业务更了解了。它们与信用卡分期有相似之处，只是场景更加直接，比如，电子产品的分期或教育投资的分期。不过金融市场变化非常快，近期小额信用贷款业务发展得很快，很多新的玩家入场，公司对这个业务也有尝试的想法。

"蒙田，咱们公司计划最近要上小额信用贷款，APP已经开始开发了，风控政策你要提前准备啊。不过我觉得这个不好做，你有什么看法？"经过一年的磨合，陆总很信任蒙田。

"陆总，小额贷款都是在线上，与咱们原来的消费贷款还是有些差别的，毕竟看不到人，这个欺诈风险比信用风险要更大。我问过信用卡中心原来的同事，他现在在另外一家公司管风险。"蒙田说出了他的顾虑。

"那你看咱们怎么入手？"陆总问道。

"将来这小额贷款一定要用数据化的方法，这么小额的贷款，肯定没法用人工审批了。所以我想先把风控政策做好，积累数据，咱们这数据建模人才也要储备啊。"蒙田一时还想不了太细，但是数据化的方向是必需的。

"好，你先准备吧，上线前肯定还有很多事情要捋顺，但是时间不等人，上面对这个事还挺急，APP开发那边天天加班赶进度，三个月内就要上线测试了。我还是挺担心的，靠你盯紧点了。"

蒙田接到这个任务倒是不惊讶，他这段时间就感受到了一些变化。最近市场变化很大，出现很多专门做小额信用贷款的公司。因为原来的同事也分布在各个机构里，风控圈子也不大，大家平时也互有交流。只是没有想到公司这次要求得这么快，这么急。

这一年他也慢慢适应了，原来在信用卡中心时很多事情启动审批流程比较长，相对比较稳健。而到了这儿，很多时候时机更重要，好多业务先上了再说，可以快速迭代。做业务的话，这样是可以的，但是对于风控要求就更高了。如果是业务上出了错，可能只是亏点营销成本；但是如果风控上出点事，那就是大事，对于做金融的企业来说，有时候甚至是致命的。

蒙田心里对于这种风控的做法有些顾虑，但是他也知道，要是这个事情这么简单，也就不用花这么多钱请他来了。既然做了这个工作，就要解决问题，这也是职业的本分。环境总是变化的，只要心里有风控这根弦，那就逢山开路、遇水搭桥吧。

APP在紧张地开发中，关于埋点，蒙田提出了一些意见，希望能将渠道的点埋得细一点。但是工期很赶，开发部的同事觉得不用这么麻烦。

"基础的点我们已经埋了，上了线就能看数据，日活跃用户数（简称"日活"）、月活跃用户数（简称"月活"）这些都有。这个渠道埋起来还是有点难度的，是不是等业务稳定了再埋？"

"我还是建议现在埋，业务试运行阶段更需要这些数据，否则我们都不知道哪个渠道风险高。"蒙田在网上看过一篇文章，叫"数据在哪里"，讲的就是数据埋点的问题。后来他还问了朋友，朋友也说这个很重要。在蒙田的坚持下，渠道的埋点还是如期开发了。

时间过得飞快，转眼间新的业务已经开始上线测试了。手机上的这种贷款产品都是线上引流，下载申请。虽说是线上，但是成本也不低，因为要在各种渠道上花钱才能拉来用户。试运行阶段，风险还没展现，营销部的人就找来了。

"咱们这通过率太低了，这么核算下来，每个贷款客户要花好几百元，你看咱们这规则是不是可以放松一些？"线上贷款的营销负责人小高是新官上任，想趁着新业务站住脚，开个好头对他来说很重要。

"我们这些规则都讨论过，之前办公会议都审核过，改也要有个过程。现在是试运行阶段，这里面的问题咱们先具体分析一下，怎么样？具体怎么改，也要先了解具体情况。"蒙田虽然有些不爽，但是小高比他年轻，有拼劲，也是想把工作做好。

"我们部门也没有专门的分析人员，你们分析分析，看看到底问题出在哪儿了，怎么样？咱们也好向上面交代。"小高说的也是实情，他们平时只能看结果报表，再深入的分析他们也没有自己的团队。

"好，我们可以负责分析，咱们先找到具体原因，再一起改进。"蒙田似乎想到了大概的原因，但是并不特别确定。

"这个你放心，咱们都是为了把事情干好，如果有我们能做的我们一定配合！"小高的态度倒是挺好。

"蒙总，他这也太不讲理了吧，为什么要咱们分析？"小高走后，小刘有些不平地说。

"他们部门估计也分析不出来，他们没有专职的分析人员，平时报表也是系统部给做的，哪有人做分析？我觉得这个可能与客户来源有关，你具体看看哪个渠道的拒绝率高。"蒙田知道现在需要拿出硬功夫，需要拿出真凭实据解决问题。

"好的，先分开来看看再说。"小刘和蒙田在一起工作了一段时间，也慢慢了解了分析的套路，分析分析，先分开，再解析。

两天过去了，蒙田一直惦记着这事，中间问过小刘一些情况，主要是数据问题。因为数据比较分散，从各个库里调数据就花了不少时间，还要找原因，的确不容易。

到第三天晚上，蒙田一直等着没回家，听说早上数据基本厘清了，便让小刘加班做出来。

"知道了，知道了，蒙总，我知道了。"小刘抱着笔记本电脑来找蒙田汇报。

"什么原因？"蒙田也有些急切。

"我觉得是他们的关键词投错了，这个客户群咱们的规则是会直接拒绝的。"小刘迫不及待地说出结论。

"什么意思？你具体说说。"蒙田一时没反应过来。

"你看，我先是看了各个渠道，发现搜索引擎营销（SEM）这边来的客户通过率很低。"小刘指着屏幕上的图（见图5.1）说。

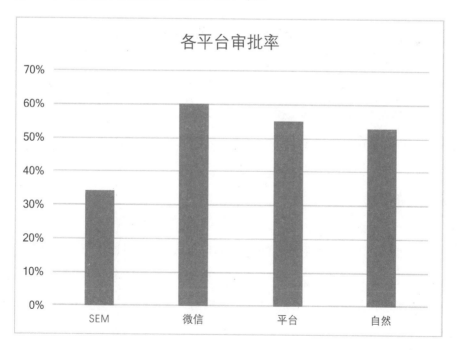

图5.1

"我又看了 SEM 的数据，看了各个关键词的数据，发现这几个关键词的转化漏斗有问题。你看，这些词的注册完成率、绑卡率都很高，但是在过硬规则时就大部分被'毙'了。

"我对比了一下具体的规则，原来咱们的规则里有一条，这个类别的暂时不批，所以一定都被'毙'掉了。"小刘的分析环环相扣、抽丝剥茧，找到了症结所在。

"幸亏 APP 埋点的时候咱们坚持要埋好点，否则这些数据收集不上来，神仙也分析不出来啊！"小刘这次可是体会了什么叫作巧妇难为无米之炊。

"哦，原来如此，怪不得。我明天找市场部沟通一下，风控工作要从源头做起，否则又费钱又影响业务量。"蒙田也是第一次遇到这种情况，业务是一个链条，各个环节沟通不够，就难免会遇到这种情况。

第二天，蒙田带着数据找到小高，说明了情况。同时也建议投放的时候与风控部门沟通一下，这样既可以提高他们的效率，最终从公司角度考虑，也可以降低成本。这线上贷款业务，风险控制是一个方面，各方的成本也是要考虑的，否则风险控制住了，业务却亏了，风控也就没有意义了。

如果一个客户不适合，那么从源头就不要放他进来，这样就不用损失营销成本，也不用损失后续请求数据的成本 —— 放客户进来后需要查黑名单，需要查各种分数，需要对比四要素，需要进行人脸识别、活体识别，每一道程序都是要花钱的。

虽然业务刚刚开始，还没有模型，但是数据化的工作依然可以发挥作用，处处收集数据、用好数据就可以帮助风控工作，更可以帮助业务发展。

3. 欺诈风险

与蒙田预想的一样，线上贷款的欺诈风险更严重，而且通常来得又快又猛。听说行业内有几家公司就因为欺诈风险，亏了很多钱，元气大伤。蒙田对于欺诈风险一直非常警惕，这是影响业务的关键性负面因素，如果欺诈风险太高，那么其他做得再好也没法持续。

与欺诈分子的对抗是个长期工作，不可能毕其功于一役，有了新的欺诈方法，就要想出相应的对策，各种数据工具都要物尽其用。

（1）黑名单

如果提前知道一个客户本身存在问题，那就直接拒绝，这是最直接的想法，所以查询黑名单是预防欺诈风险的基本手段。黑名单是在走风控模型流程之前就可以使用的规则，如果查询到了黑名单，那么基本就不用再走风控模型的流程了，也节省了成本。

市场提供黑名单服务的机构有很多，在互联网行业，很多企业都没有银行征信的数据，所以很多平台通过服务不同的客户，沉淀很多数据，对外提供服务。

有的是催收公司提供的查询，如果某个贷款人已经被催收很多次了，那么他的欺诈风险就会比较大。

有的是市场化的数据提供的多头查询，也就是说，一个客户如果在很多地方申请过贷款，那么就会有很多机构查询他的信息，如果查询的机构太多了，那么从某种意义上说也是风险比较高的。

还有就是多家机构联合起来，各自上传自己的黑名单数据，然后大家查询共享，类似于征信系统的方式。

服务虽然众多，但是天下没有免费的午餐，好不好用都要事前测试，使用过程中也要不断监控。蒙田每天都要警惕数据质量，数据质量若不佳，反而会适得其反，得不偿失。

最近又有一家黑名单的厂商传来了数据，小刘带领数据组做了测试，向蒙田汇报情况。

"这家厂商的黑名单质量如何？准确率和覆盖率怎么样？"蒙田对于数据总有一种怀疑的态度，这么多年和数据打交道，知道数据的用处，也知道数据中潜藏着风险。

"我用咱们的历史客户测算了一下，这家的数据不是太靠谱。你看，这是咱们实际找到的'好'客户、'坏'客户的统计数据。"小刘指着具体的结果说。

"我抽取了历史上一部分'好'客户和'坏'客户，从覆盖率上看，他们的'坏'客户只覆盖了实际情况的30%；而从准确率上看，他们给出来的黑名单里还有50%是'好'客户，这个名单不知道是怎么传上来的。"小刘看着这些数据也是充满疑惑。

"看来这外部数据还真是很难说，不分析一下还真是不行。"蒙田担心的事的确发生了。

"我听说有的机构把'好'客户当作黑名单传上来，这样'好'客户就被其他家给拒绝了；而实际的'坏'客户反而不传，这样就漏掉了很多'坏'客户。这种数据共享还真是挺难做的，这也是个博弈的过程。就像一锅汤大家都等着别人放肉，自己却放石头，最后大家就只能喝石头汤了。"蒙田也是有些无奈，博弈的结果就是大家都陷入了囚徒困境，这也不是任何人想看到的结果，但是也没办法。

"还有一个问题就是，咱们的多头查询数据也要注意，前一段时间他们家的多头查询还是可以用的，但是最近他们家的多头查询的平均数量上升了，而且区分度也不大了，你看看是不是要调整一下相应的规则。"小刘是个有心人，知道蒙田一直关心数据的质量，对于线上使用的数据，定期都会做评估和鉴定。

"我估计是最近出现了很多新机构，导致这个多头数据的区分度下降了。你这个分析做得很及时，咱们和策略团队商量一下具体策略的修改方法。"对于小刘的成长，蒙田感到很欣慰，数据就是要天天看才能有感觉。

市场上的数据质量参差不齐，蒙田多想有那么一天，不用担心这些数据的质量，不用耗费这么多人力去评估检测，有一个机构能提供可信又便捷的服务就好了。

不过反过来想，市场中数据用得好的公司并不多，这也是他们的竞争优势。事因"难能"，所以"可贵"，在别人不经意的地方下苦功夫，才能有所差别。

（2）关系网络

市场贷款机构越来越多，欺诈也越来越集中化，有的不法组织专门伪造虚假信息，进行贷款欺诈。

在信用卡发卡过程中，银行对申请流程的管控比较严格，最后申请人还要到营业部见面签合同，这样能见到真人。而在线上贷款，你不知道申请人到底是个真的人还是一些团伙伪装出来的，等到放了款，人早就不知去向，催收都催不回来。

发现这些团伙有很多种方法，其中一种就是，通过分析申请人的关系网络来找到作案的团伙。

原来做消费贷款时，蒙田也接触过这类方法，不过那个时候的数据主要是申请件的信息，比如，住址、电话。到了线上贷款，能用的数据就更多了，同时分析的难度也更大了。

  蒙田自己的数据团队还不大，没办法很快找到相关的人才，就算招了人，要做出相关产品来也需要一段时间。公司觉得可以看看市面上的供应商，如果有相关产品，就可以先用上。

  市场上的产品技术虽然不同，但是思路大致相同，主要是利用各种信息作为联系，把申请的主体连接起来，然后找到其中比较反常的关系网络，如图 5.2 所示。

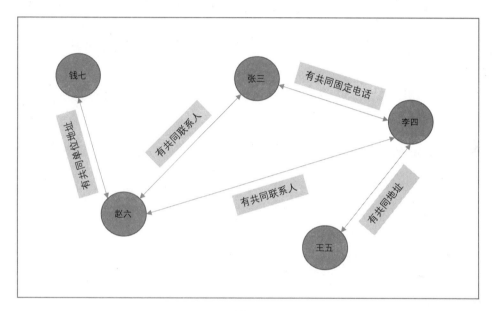

图5.2

  图 5.2 中这些主体的联系人电话、住址等关系，形成一个封闭的网络。在实际业务中，大部分申请人都是离散独立的，形成这种小集团的概率很低，如果有成团的结构，就有欺诈嫌疑。

  因为可以找到通话记录、社交关系这种比较弱的关系，所以可以通过加权方法，不断关联，找出隐藏的网络。最近系统提供的线索有些多，蒙田听反欺诈策略团队的同事有些抱怨，说这系统不准，所以找来厂商的客户服务工程师分析解决一下问题。

  "有可能是因为数据质量问题，把最近一段疑似网络的相关数据提了出来，我们来具体看看。"厂商的服务工程师也有些疑惑。

"我们也是按照你们的要求输入的数据，你们不是说全自动化吗？"小刘负责数据提取和数据分析，内心有些不平。

"您别着急，我先看看具体原因，一定给您解决问题。"工程师说道。整整两天，工程师都驻场做数据分析，因为这些数据没法带走，都要在现场进行分析。

第三天，工程师终于找到了线索，向大家汇报具体的情况。

"我分析了一些判断错误的案例，发现这里面有一些线索。因为一些营销的号码集中给很多人打了电话，如果用共同来电作为连接的方式，那么这些营销号就要处理，否则就把很多人关联起来了。"工程师言简意赅地解释了原因。

"那怎么处理？你们有什么规则可以剔除这些信息吗？"蒙田关心具体怎么解决。

"我和总部沟通一下，这个我们尽快给出解决方案，非常感谢您的理解。"工程师发现了问题，具体怎么解决还要和公司联系。

"那你们尽快吧，我们也不希望老是有误报。"蒙田虽然想到使用系统不会一帆风顺，但是也没有想到具体会出现什么问题。

会后，蒙田找到小刘，说："咱们自己的团队也要多学习一下这方面的知识，就算这些系统咱们不自己做，但是要用好它，还需要咱们修炼内功。"

"是的，下次如果出问题，我们也能从数据源头上控制一下，不用像这次这么被动。"小刘负责数据，这些事情以后需要他们团队承担起来，因此压力不小。

工具始终是工具，要用好它，还要人对工具有较好的理解，否则喂入的是垃圾，出来的也不会是什么好结果。

对于欺诈还有很多方面的工作要做，比如，活体识别、人脸识别，这些都是必须的。对于贷款来说，首先要确认是这个人申请的，其次要确认这个人真的是要正常借钱，而不是套了钱就不还了。

魔高一尺道高一丈，欺诈的方式多种多样，对付欺诈也要不断更新策略。蒙田唯一能做的就是不断找到新的漏洞，堵住，再时刻警惕下一个漏洞。

4. 风控模型

线上业务虽然上线晚，但是贷款周期短，发展速度也很快，业务总量上升迅速。业务初期只能用各种规则，随着数据的积累，综合模型的开发也提上了日程。

小刘准备了很长时间，想更快上手做起来。"咱们这些业务周期短，有的一个星期，有的一个月，迭代起来比较快，建立模型挺快的。"

蒙田觉得这里似乎有些不太对的地方，他原来在信用卡中心时，模型 Y 变量的定义要很长时间，现在这一个月的贷款，也太容易了吧。在做新资本协议模型时，会分债项模型和客户模型，债项模型为一笔贷款评估，客户模型是评估一个客户的综合情况。因为那时候一个客户的借款比较少，所以这两个模型差不太多。

但是现在这种贷款情况可不是这样。一个客户贷款一个月，还了之后马上又借另一笔贷款，这种滚动的借款，风险可不能按照一笔一笔借款来看，要按一个客户来看。

"你统计一下咱们客户的重复接待率是多少。"蒙田想知道这个问题的确切答案。

"应该不低，咱们这种业务周期只有一个月，如果客户只借一笔，那么才收多少利息，一个客户成本就上百元呢。"小刘大致估计了一下结果。

结果也确实证实了小刘的预估，60% 的客户都有过重复借款，很多都是借过五期以上的。

"那咱们的'坏'客户定义就要按照客户来看了，就像信用卡一样，刚借一两个月的客户不能包括进来。虽然很多都没有逾期，正常还款，但是也不能当作'好'客户计算。"蒙田还记得当年和林旭做模型时，林旭也说过这个问题，原理都是相通的，不同情况可以灵活运用。

"那咱们的数据就少多了，不过还好现在客户量增长得很快，数据量应该足够，这样做就可靠多了。"小刘明白了许多。

Y 变量确定了，剩下的问题就是 X 变量不好找，还有小刘也听说了很多外面的故事："像京东、阿里巴巴做这个模型就很有优势啊，这些企业的数据很全，什么都有，好做一点，咱们的数据太少了。"

"这些企业的数据也要筛选，不是说数据多就能做出好模型，买东西的行为和借钱风险并不是天然联系的，也需要分析人员一点一点地分析验证。不过至少很多客户的真实性有保障，咱们这儿还要考虑真实性的问题，更别提还不还钱的问题了。"蒙田说道。

在银行工作的时候，蒙田接触到的数据都是强变量，大部分客户都有信用记录或其他金融类的标签，所以最后的模型并不复杂。而现在的条件是，只有比较弱的变量，这些弱变量合起来是不是能代替强的金融变量，还要试了才知道。

蒙田是做实际工作的，他知道数据有用，但也知道数据有局限。大家都在说大数据，但真的让大数据起作用还要通过艰苦的努力。大数据不是数据多就行了，还要有关联才行，有用的数据多才是真正的大数据。

现在各个有数据的机构都盯着风控场景，也就是数据可以比较直接地发挥作用的场景，但并不是所有数据都能派上用场。

除可以直接查询的数据以外，还有一类数据是信用分数，这部分数据可以作为一个模型的 X 变量，但这都需要快速地进行分析。信用分数是一个汇总的结果，不会泄漏客户具体的信息，一些没有数据分析团队的公司可以快速使用，直接将其用在风控规则里。

但是市面上的风控分数非常多，不同的服务商都声称自己是大数据，是机器学习高级算法建立的模型，但最终起作用的还是数据源。算法再厉害，也得从数据中挖掘关系，数据的质量决定了模型效果的上限。蒙田还是希望能从中找到一些有用的数据，因为对他们来说数据真的是太宝贵了。

面对市面上的诸多服务商，单是分辨这些数据好坏，蒙田就需要做大量的工作。这两周蒙田都接待第三波了，自从他们公司开始做线上业务之后，很多服务商过来沟通联系，蒙田作为风控的负责人，也得参加数据采购部门的会议，他作为使用方，得给出意见。

"你们这个数据单独用还有些用处，但是我们已经买了其他的数据，你的这个增加值不多。"蒙田看着数据提供报告说道。

"您看我们的数据连续性比较好，更新也比较及时，不知您现在用的是哪家的数据？"数据厂商的销售员和售前客服都在，他们还是想努力争取一下。

"这个我不方便透露，你们的数据作为补充还可以，但是现在这个查询价格实在有点太高了。"数据部的老吴提到了关键问题，数据有价值，但是也要顾及成本。

"哦，您是考虑价格问题，我们给其他家提供的也是这个价格，或者您对比一下，可以考虑把现在使用的数据替换一下。"对方的销售员在价格上似乎不想让步。

老吴看了一眼蒙田，蒙田继续给出他的意见："还有就是你们的这个覆盖率不太高，与我们的人群匹配不是太好，只有40%的测试样本能查询到。这样我们用在规则和模型里其实不太方便，还要补充其他数据。"覆盖率是比较关键的指标，蒙田提到了这个问题。

"您非常专业，希望咱们能达成长期合作。我们也在扩大覆盖的面，最近接入了很多客户，他们也都反馈很好。价格可以谈，那您看什么样的价格，贵方可以接受？"对方有些松动，把问题抛了回来。

"我们再考虑考虑吧，今天就到这儿。"老吴没有给出明确的答复，在这种场合也不适合谈具体的价格。

随后几天，对方的销售员也没有主动联系，似乎在等待他们的反应。

"蒙田，你觉得这个数据可以用吗？"老吴想听听蒙田对比的真实评价。

"这个数据有一定的作用，但是与咱们现在的数据有些重复。你看数据评测里，如果只使用这个数据，对模型的性能会有帮助，但是如果加上原来的数据，其实提升不大。

"其实这个数据的覆盖率还可以，虽然在历史上总体覆盖率不高，但是和咱们最近选的客户群符合度挺高，在这个群体中可以用。"蒙田这几天又让数据组做了更深入的分析，单独把最近的客户群拆出来看了看。

"这个销售员还挺聪明，最近都没联系咱们，这是等咱们的反应呢。其实最后还是个价格问题，他也不知道这个数据对咱们有多大用，大家还是在博弈呢。"老吴带着蒙田见了很多家数据提供商，也知道大家的套路，价格总归是要谈出来的。

"我倒觉得可以再等两天，我听以前的同事说，这家数据厂商现在在扩张业务，最近活动很频繁，应该会有动作，这都到年底了，总要冲一下业绩吧。"蒙田建议道。

"也是，这家算是最近比较靠谱的一家了，这两个月见了不少，你们测的都有好几家了吧，先等他两天再说。"老吴也同意蒙田的想法。

不出二人所料，对方最终还是打电话过来了，希望能进一步做做测试，可以谈谈价格问题。

决定总归是要做的，所以蒙田整理了相关的测试报告，协助老吴的数据部门把价格谈到一个比较合理的位置。尽快接入比较靠谱的数据源，对于新业务而言是很重要的，有时候还真的是和时间赛跑。

市场上的竞争对手越来越多，怪不得这家数据厂商打市场打得这么猛，多接入一家，他就多赚一份，因为数据的成本是固定的。

面对市面上这么多的数据供应商，蒙田又一次体会到了这种烦恼：每个数据源要采样、对比，再出报告进行确认。如果能有一家权威的机构把这些工作做了，汇总出各个渠道的数据，那该多好。经过检验清洗，给出统一的查询接口，就可以省很多人力、物力。对于没有分析能力的用户，也可以生成集中的模型分数，就更好了。

蒙田想，他的愿望总有一天能实现！风控是数据产生价值最直接的场景，市场这么大，这种需求早晚会催生一家真正的服务机构，为客户提供相关服务的。在这之前，还是要先练好内功，当那一天真的来了，也能快速地用起来。

5. 扩大分母

业务发展越来越快，客户积累得越来越多，但是总的活跃率并不是很高，贷款这种行为总不能像刷短视频一样，毕竟还有利息成本。

负责运营的小高头脑很灵活，看着这些老客户，他心里有了些主意，于是来找蒙田商量，他知道他要做成心中所想之事必须过了蒙田这关。

"你看咱们这老客户这么多，好多贷过几期后来就不贷了。咱这一个客户成本很高，能不能争取争取让他们回来？"小高负责运营，总要对业务额负责。

"哈哈，你是不是想让我们提点额度刺激刺激？"蒙田能听出小高的言外之意，否则与营销相关的事干吗找他这个负责风控的人商量。

"提点额度，再降点利率，是不是这些人就能多贷点？"小高想的倒是挺全，贷款的这些人每天想的不就是额度、利率、放款速度嘛。

"我在信用卡中心工作时也做提额这事，但是风险也会扩大，我这也不好办啊。"蒙田说的是实情，当年在信用卡中心时风控和营销总是要讨论很多轮，最后才能定下调额规模。

"你们不是有大数据嘛，想想办法呗，有没有既能扩大业务、又能控制风险的方法，最后能扩大多少你说了算，保证不影响你绩效，怎么样，这老客户能用一下总是好的。"小高倒是说得很明白。

"那我们看看吧，名单我们可以帮忙出，咱们先小规模试试，别出大事，行不？"蒙田最终还是答应了。

"都听蒙哥你的，等你消息。"小高的目的达到了，能迈出这一步不容易。

蒙田心里早就考虑过这个事情。如果这个事纯粹是扩大风险的，对业务没有帮助，那么肯定是不行的。但是风险管理不是避免风险，而是在扩大业务过程中让风险做到可控，扩大业务才是终极目标。

风险的核心指标是坏账率，用杜邦分析法可以把这个指标进行分解，即

$$坏账率 = 风险损失金额 / 总贷款余额$$

$$= 风险损失金额 / (风险损失金额 + 正常贷款金额)$$

这样一看，过去一直在控制风险损失金额，如果能扩大正常贷款金额，同时风险损失金额不要涨太高，那么坏账率也会降下来。转换一下观察问题的角度，思路就打开了。

正好小高也有这个想法，他想不如顺着运营部门的提议，尝试着做一下，做好监控，看看是不是与预期一样。

蒙田找小刘的数据组出名单，便与小刘商量："运营部门那边有想法，想给一部分客户提额，要出名单，你有什么想法？"

小刘想了想说："第一步可以从最好的一部分客户入手，贷过几次而且都按时还款的客户，如果他们有一段时间没来贷款了，可以挑选出来，提高他们的额度，用短信促使他们回来。"

"嗯，思路没问题，具体指标你们再仔细核算一下，额度提升可以多分几档，都看看，规模控制住了就行。"蒙田希望小步快跑，先试试。

"好的，具体调额策略找策略团队商量。"小刘领命而去。

提额营销工作总体进行得比较顺利，短信发出去后，客户的响应还不错，但是数据组给出的监控结果却出乎小刘的意料。

"原来都不错的客户，怎么提高额度之后，反而不还钱了？"小刘看着报表感到非常疑惑。

"比我想象的严重，说来这也不奇怪，每个客户随时都面临一个选择，到底是拿本金走人还是继续使用咱们的服务。一旦本金的数额达到某个额度，客户违约的收益足够大，他就不再遵守规则了。"蒙田曾经有点担心，但是没有想到这些客户这么敏感。

"就这点钱，值得吗？"小刘有点不解。

"每个人的额度敏感度都不一样，咱们的客户群可能就是这么敏感，咱们未来提额时还要综合考虑一个客户的敏感度。"

"那咱们先针对客户群定一个基准的额度上限。我们用测试数据再分析一下，看能不能做得更精细一点。"小刘说得比较在理，蒙田也表示赞同。

"看来利用存量是有天花板的，这些客户群的特点就是天花板比较低，要想想办法开拓一下思路。"数据事实告诉蒙田，这个客户群就是这么特殊，与他以前接触的客户群差别很大，人性如此，不以某个人的意志为转移。

这种小额贷款与信用卡还是不太一样的。信用卡可以重复使用，生命周期较长，而蒙田他们的客户对于额度是敏感的，额度不能太高，使用周期不能太长。这是个增量的生意，需要源源不断的活水。

风控部门除生成风控审批策略、建立数据模型这些具体工作以外，还有一项工作要做，就是设计产品，从源头定义客户群，有时候客户群好了，风控压力从源头就可控了，否则再牛的风控技术也预防不了风险的发生。

公司的拓展渠道除常规的推广活动以外，也开始与一些 APP 合作，针对这些 APP 的客户进行营销。最近开始考虑与一家短视频网站合作，因为调研发现，这些短视频的客户群和小额贷款的客户群有一定的重合性。合作开始之前，蒙田所在公司尝试着在短视频网站上投放一些广告，双方一起监控响应率，看有没有机会合作，同时蒙田也关注这些客户的风险状况。

"我们用地域、性别这些最基本的维度做了一下细分，发现响应率和风险是正相关的，响应率高的按点击算，成本小一些，但是最后通过率会低一些，总体下来成本也要上百元。"小刘简要地介绍了结论，具体的分析放在投影上供大家参考。

"有没有可能投放的时候就先按照风险程度筛选一下？"蒙田觉得这个情况还有一些扩展的余地。

"现在客户行为的数据都在视频网站那里，我们也是挑几个大的维度去划分，而风险的结果都在咱们自己这儿，两边数据结合不到一起。"小刘表示有些为难。

"那能不能双方联合建模，最后形成一个模型，用于客户筛选？"蒙田问。

"可能双方都会担心数据安全问题，风控的指标数据对咱们来说可是机密，不能外传。"小刘提醒得对，在风控工作中，数据安全是首先要保障的。

"我来想想办法，你带人也调研一下，现在有没有技术上的解决方案？"蒙田一时也想不到什么好办法，但是也不能被一道坎就挡住了，永远迈不过去。

功夫不负有心人，有一家数据平台的厂商提供了数据沙盒的服务。使用沙盒的双方把数据加载到平台上，进行数据分析的建模，模型验证后，数据可以销毁，双方都得不到这些数据。

有些信任问题还是需要技术来解决的。合作在艰难的磨合和谈判中开始了，毕竟合作对于双方都是有利益的事情，但是其中的博弈永远都少不了。能从源头控制客户的风险之后，渠道的成本就比较可控了，蒙田后续的工作也更有把握了。

从提升存量到寻找增量，业务的每一步发展，蒙田都参与其中。原来更多的是收的做法，经历了业务发展的这些阶段，蒙田对风控的目的也有了更深的理解。

技术、数据、规则这些都是术的层面，理解业务的实质，利用好这些术，保障业务的发展，这才是风控的道。

业务不同，用的风控技术也不一样，但是风控的道是相通的，不管是在信用卡中心还是在线上贷款，蒙田觉得风控的道始终没变。

6. 蓦然回首

蒙田和林旭二人真是很久没见了，上次见面还是林旭去外地工作之前。后来林旭不在北京了，二人见面的机会就更少了。

两个人都是到了新的工作岗位，各种事情扑面而来，一件接着一件，甚至连电话都没顾得上打一个。这次林旭回京办事，特地约了蒙田见面聊聊。

"好久不见，这两年在新单位有什么血泪史吗？哈哈！"林旭还是那么爱开玩笑。

"血泪史还真是有一堆，最大的感触就是数据要与业务场景结合才有用。咱们原来是做数据的，接触的也是报表模型这些，真到了业务层面，还得结合实际情况。

"在我们那儿做风控，数据是必不可少的，但也不是唯一的，客户群选择、利率、产品的匹配也很重要。"经历了两年的洗礼，蒙田对于数据和风控也有了更深的理解。

"当年还是因为你临走前吃饭时的一句话，我才考虑去新单位工作的。那时候吃饭时我问你为什么走，你说'总要自己去游泳看看，到底能游出什么水平'，后来我也自己去游泳了。"林旭说起当年的事颇有感慨。

"现在是自己会游泳了，不过被水也呛了很多回。其实那时候我也有些不确定，是我家里人支持，我才安心。这两年跌跌撞撞，因为有家里人的支持才挺过来。"蒙田想起当年和家里人说换单位时的情景。

"那我要感谢嫂子一下，原来源头在这儿，为咱们的家人干一杯。"林旭举起酒杯说。

两个人各自谈起在新岗位上的点点滴滴，依然历历在目。虽然时过境迁，仿佛风轻云淡，但其中的甘苦只有经历过的人才能体会。平时实在没有机会找人聊一聊，今天逮到机会二人想好好倾吐一番。

苦水吐得差不多了，还是回到了两个人都关心的行业形势上。蒙田这两年的确没太关注银行在这方面的进展。

"其实我们银行这两年也有很多尝试。原来因为没有科技力量，产品服务一刀切，业务形式也比较传统。现在地方上的很多银行围绕自己的特点，也有很多尝试。比如，有的专门做供应链，有的做农户贷款的深耕细做，也有的将消费支付业务与信用卡结合。"林旭这两年参加了很多行业研讨和分享，看到了很多创新形式。

"的确，银行本身还是有资金优势和行业经验的。我们行业这两年也有不少创新，更多的是技术上的优势，金融本身的经验很多还是来自传统的金融人才，未来金融与科技的结合会有更多场景和形式。"蒙田两个行业都做过，也理解两个行业的优势和短板。

"你是明白人，未来会怎么样我也不知道，但是科技与金融结合的趋势谁也挡不了。"林旭有相同的想法。

"来，干一杯，为了这个趋势，也为我们的将来！"蒙田和林旭拿起酒杯一饮而尽。

曾经的战友，如今也许还是对手，路虽然不同，但是目标是同一个：找到一条金融与科技的结合之路。干了这杯酒，还要一同踏上新的征程。

06

数据产品经理之路

程易　母婴社区公司数据产品经理，曾为公司运营部职员，后转入数据部门任数据产品经理，帮助企业建立数据报表平台、推荐系统平台，运营助手机器人，是经历数据、算法、AI 工作的产品经理。

AlphaGo 战胜了李世石，仿佛一夜之间所有人都意识到了"人工智能"这个名词的存在，虽然大部分人都没真正理解它的意义。

我们的职位也发生着变化，原来我们被称为数据产品经理，后来是算法产品经理，这一天之后人们开始叫我们 AI 产品经理。

——程易"忽如一夜春风来，人工智能遍地开"

1. 数据产品

程易一直觉得，冥冥中自有安排，给他安排了一个机会，让他从一个普通的运营人员变成了一位数据产品经理。

"上次我们提的需求，什么时候做啊？"小戴看到程易又来找她，便问道。

"我都收集完了，一起梳理一下，看能不能一起做了，早点上线。不过数据组那边问，这个新增用户数怎么定义。"程易是带着问题来的，今天找了好几个同事，都是问这些指标的定义。

"这个技术部的小刘知道，每次需求都是这么提的，是以前的同事定的。我每个月就是改下月份就提上去了。"小戴好像对这个问题不太清楚。

"那到底谁知道？我问谁去？"程易追问道。

"要不你去问问我们经理吧，他应该知道。"看来小戴的确是不知道。

程易又确认了一些小戴熟悉的指标，就去找他们经理了，他要再深入问问。

程易这个星期一直在反复询问、订正这些数据项，虽然这只是个临时任务，但是他并没有松懈。

程易的公司是个母婴社区，围绕母婴的内容也会做一些相关商品的销售，所以需要做很多运营工作。他原来和小戴一起，都在运营部门工作，平时看报表、提数据的需求都是提给技术部的，同时帮忙跑一下数据表。

最近公司设了一个新的职位，听说叫首席数据官，数据报表相关的这些事情都由单独的数据团队负责了。原来各个运营提数的需求比较散，时效也跟不上，这次数据部门让各个部门收集需求，统一做成报表系统平台，以后数据都在平台上看。

在运营团队中，程易算是对数据比较敏感的，原来也帮大家处理 Excel、整理数据。这次负责整理整个运营部的数据需求，汇总后再与数据部门的产品经理 Eden 对接。

以前程易只负责自己那块的工作，提的需求都是与自己的工作有关的。这次整理不同部门的需求才发现，不同团队的需求有差别，但也都比较类似，比如，新增客户、活跃用户、流失用户，因为具体业务不同，所以筛选的条件也不一样。而一些听上去一样的指标，比如，新增用户数，不同团队的理解还不一样。有的团队是指新注册的用户，有的团队是指新发表帖子的用户，都是与自己的 KPI 有关的，不仔细问问还真弄不清楚。

就这样，程易忙了十多天，终于整理得差不多了。他特意弄了个 Excel 表，把这些定义给理了出来，以便和数据团队的产品经理最后确定一下需求。

"梳理得真清晰，这次帮了我的大忙了。这次收集需求，你们部门是做得最好的。"Eden 对程易的工作非常满意，作为数据产品经理，她也难得看到这么清晰的需求。

整理需求的整个过程中，Eden 和程易也沟通了不少，主要是把需求中比较模糊的地方理出来。程易每次都尽心尽力地去询问和校正，收集回来的需求也越来越全面和清晰。

"整理得清楚一点，你们也能早点上线，我们早点受益。以前提数要排队，弄不好要排好几天，我们也等着你们的新系统呢！"程易说的是心里话，每次和运营部的同事把一个指标说清楚，写下来，确认好，他都有一种说不出来的快感，也是一点小小的成就。

"要不转到我们部门来做数据产品经理吧，我们现在太缺人了，你又理解业务，也很专业，怎么样？"Eden突然抛出的橄榄枝反而让程易有点不知如何回答。

"你们这个数据产品经理要做什么？我不知道自己行不行啊。"程易倒是不隐瞒自己的担心。

"主要是统筹数据产品的规划、设计、开发，让咱们公司的各部门能更好地用上数据。比如，咱们现在做的报表系统，就能帮助各个部门更便捷地获取报表和数据。"Eden简单介绍了一下。

"不过这部门之间的调动也不太容易，我们领导不一定同意，调不成我也不太好做。"程易说的倒是实际的问题。

"你先想想，如果你有想法，我找我们老大去协调。有什么想了解的，咱们找个时间好好聊聊。"Eden非常有诚意。

"好，我回去想想，下周答复你吧。"程易其实心里有点想法，但也没有马上答应。

程易所在的公司有产品经理的文化，产品经理还挺有影响力的，对公司的产品业务有很强的话语权。程易是个有想法的人，总想弄点事情。现在有这么个机会，还是人家主动找他，是不是应该抓住机会呢？不过这数据产品经理算是什么产品经理呢？程易在网上查了查，对于数据产品经理，大家各有各的说法。不过程易倒是知道数据是越来越重要了，要不公司怎么会特意设一个首席数据官的职位。他虽然想不清楚未来会怎么样，但是大致方向是不会错的，有这个机会，还是试试吧。

程易又找Eden长谈了一次，说想试一试，不过也不知道结果如何。没想到事情很顺利，中间没有太多麻烦，程易就转到了数据部门，与Eden一起工作，从数据产品助理开始做起。Eden原来在大公司待过，做事很规范、有板有眼。

对于如何做一个产品经理，程易还是个新手。网上的相关文章倒是有很多，有老手的经验之谈，也有新晋产品经理的体悟感受。这些都是听来的，要真正体味其中的味道，还是要自己做做看。

数据产品经理首先还是个产品经理，就是写需求文档，理解和整理这些需求。程易干过运营，所以理解运营人员的感受，对于一个需求整理人员这就足够了，但是对于一个产品经理这还不够。这些需求是需要与技术团队讨论的，在需求评审会上，如果需求不合理，可是会引起技术人员挑战的。

"你这个很难做啊，到底要显示多少条，可以写清楚吗？"负责开发的小组长说得很客气，但是也有点挑战的味道。

"这个我再看看吧。"程易当时的确没想好，本想简单带过，没想到这个问题被人提出来了。在需求评审会上被怼的滋味不好受，那也只能先受着。

程易回去后对需求又仔仔细细地梳理一遍，把一些模糊的地方写清楚。要做好事情，总归还是要下笨功夫的。如果负责开发的同事不理解功能的要求，那么就更难推进项目了。

很多时候除做好自己的事情以外，还得推动开发团队按时完成工作。程易不是一个特别强势的人，但是开发团队的精力的确有限，平时加班也不少，这就需要他更好地与程序员进行沟通。

程易这第一步倒是非常幸运，笨功夫花在了开头，万一后面错了，再改就不容易了。

硬着头皮干了几个月，程易不知道掉了多少头发，磨破了多少嘴皮子，第一期的报表系统总算做得比较顺利，各个部门都能比较及时地看到自己的数据了。

程易要负责产品介绍工作，要给公司的同事讲解平台的使用方法。由于软件设计得比较合理，大家掌握得都挺快。比如，通过一些简单的筛选就可以看不同时段、不同粒度的数据，再也不用像原来一样，每个月把差不多的数据都抽一遍了。

随着系统功能的逐渐成熟，很多重复性的提数需求减少了，数据组的工作慢慢可以转到一些深入的分析中来。对于比较复杂的即时查询需求，还是要数据组的同事帮忙做。而且随着业务的扩张，程易感觉这类需求越来越多了，数据组的压力也越来越大，于是他想找出一些即时查询的需求看看。他比较熟悉运营部门的需求，就找到小戴来了解一下。

"你们提这个需求是为了什么？"程易指着一个看起来比较复杂的需求，他没有抓到需求的本意。

"这个啊，我们看到最近的用户留存率下降了，老板说想做一些活动，但是这些人为什么走，我们也不知道啊，所以不同的想法都试试，看看到底怎么回事。"小戴说道。

"哦，现在报表系统没有这些数据是吧？我们现在正在筹划系统二期，把这些数据加进去。"程易这次来也是为了二期的规划。

"那太好了，我们都是干活的，看了数据还是为了干活，老板天天盯着留存。活跃这些指标，我们就要想怎么给弄上去，要不哪有绩效啊，你说是不是。"小戴和程易很熟，倒是直言不讳。

"这期需求得多和你们再讨论讨论，如果绩效涨了，就请我吃饭啊！"程易虽然是开玩笑，但也是他的心里话。

调研了一些同事，程易越来越认定，数据产品最后还得对工作有用，业务部门的人看了数据，还是要知道下一步怎么办才行。

"Eden，我这两周都在调研二期的需求，咱们下一步的方向是不是得往业务再靠靠，增加一下具体操作的辅助功能。业务部门有很多常规运营动作，这些都需要决策，比如，分析指标下降原因，找到运营对象列表这些。这些决策随时都在做，所以更需要数据的支持。"程易原来就在运营部门工作，所以理解他们的痛处。

"嗯，没错，不仅要有决策辅助，还要帮助他们监控活动效果，这样才知道决策执行情况如何，这样才是真正的决策闭环。"

"这次咱们就从你熟悉的运营部门开始，把他们的数据、决策、监控串起来，如果能摸出个套路，就可以推广到不同部门。"Eden 的思路更加全面，也给程易打开了思路。

提出一个好问题，往往就解决了一半的难题，有了这样的方向，剩下的工作就是要一步一步实现了。二期功能的亮点就是辅助决策的功能，如果这个模块能上线，那么运营部门用起来就更顺畅了。

但是要实现这个模块，不只是要提供报表，还要通过模型预测这些用户的行为倾向，这对程易来说是一个新的挑战。

数据产品最终还是要为决策服务，助决策者改善决策质量，这是数据产品的终极目标。

数据要准确，图形呈现要清晰，功能使用要方便，这些都是非常好的，这都是

"知"的部分。在这个基础上如果能更进一步，看到数据之后知道如何决策，就是"行"的部分。

有了最后的这个指导行动的功能，数据产品就打通"知"和"行"，做到知行合一。

—— 程易"什么是知行合一的数据产品？"

2. 补足短板

程易梳理完数据平台的二期需求框架，对于预测模型这块还是有点模糊。他想事先和算法组的同事通个气，听听他们的看法，免得上了需求评审会，提得不合理，岂不是更下不来台。

程易先找的是新来的小伙伴 Andy。Andy 出生于美国，在伯克利大学上大三，父母是中国人。Andy 对于机器学习很感兴趣，所以暑期回国一段时间，在公司做算法组的实习生。

程易作为他的入职伙伴，帮助他熟悉了公司的业务和生活，平时二人一起吃饭、聊天，有些问题也相互帮助。

"我以前没接触过你们这个什么机器学习，你看看这个功能，一般怎么实现？"面对 Andy，程易并不隐讳自己这方面的不足。

"你这个需求要多少准确率，是要具体的概率还是要排序？"Andy 问道。

"我就是要预测出能响应的客户，把能响应的客户都列出来，给出名单。"程易觉得有些奇怪。

"模型都是概率，只能说某些人的概率相对高一点，但不是绝对的。"Andy 说道。

"那就按照预测的概率给个阈值？大于这个阈值的就算是可以的，比如，大于50%的就可以算。"程易觉得这样总行了吧。

"那要看训练样本的比例，要是只有1%的响应率，再牛的算法也很难达到50%，就一个都筛选不出来了，你能接受吗？"Andy 虽然是个大三学生，年纪比程易小不少，但是闻道有先后，术业有专攻，一句话就问住了程易。

"那连50%都没有，这模型还能用吗？"程易有点奇怪。

"当然可以用啦，只要比你随机筛选好一点就可以，你随机筛选不是才 1% 吗？如果模型筛选的客户有 10% 的响应率，就是原来的 10 倍啊，你说是不是。"Andy 笑着说道。

程易觉得有些道理，但又没特别明白，便有些挫败感。

程易读的是理科，上学的时候也学过一些编程，懂一点统计学，但都不太记得了。而这机器学习还真是没学过，自己挖的坑，要自己爬出来。

"我也想学学机器学习，从哪儿开始啊？"程易问 Andy。

"先学学 Python 吧，Kaggle 上也有很多实际的数据，可以学习学习。"Andy 给程易打开了一个网站（见图 6.1）。

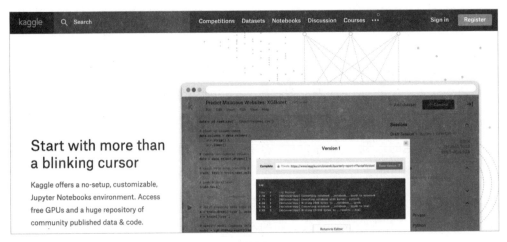

图 6.1

"我在高中的时候就在这儿玩，学到了很多东西，你看这里面很多人都是自学的。"Andy 似乎不把这个事情看得很难。

"玩儿？你管这个叫'玩儿'？我看着都头大，好吧，后生可畏，后生可畏！"程易心里嘀咕着。

"我看看这儿有什么好玩的。"程易听 Andy 介绍了这个网站的主要功能。

这网站还是挺有意思的，原来这是个社区，有很多不同学习程度的人在里面。有些公司在里面发布了一些机器学习的题目，给出数据，大家用自己的方法建立模型，用统一的标准评估。因为是统一的评价标准，所以上传了结果后就可以与真实答案进行对比，网站会自动给出评价。

"这个不错啊，不用人工，都是机器工作，不用人参与。这个可以同时做很多比赛。"程易惊喜道。

"是的，所以各种题目都有，有复杂的，也有简单的，各取所需吧。"Andy 说道。

"你们原来都是从哪里学起的？现在小朋友们的自学能力可真强啊，什么资源都找得到。"程易问道。

"Andrew Ng 的 Courase 网站上有很多课程，书呢，可以看看 *Machine Learing in Action*。"Andy 中文还可以，但是平时看的资源都是英文的，关于这本书他也不知道中文怎么说。

"你说什么？能发我一下吗，没记住，这都是英文的吧，不知道我能不能看懂。"程易心里有点叫苦，不过还是追问了一句。

"我也不知道有没有中文翻译，可能有吧，不过里面的英文都很简单，别怕嘛。"Andy 说着做了个鬼脸。

"对你来说当然简单啦！"程易撇撇嘴，Andy 倒是不以为意。

程易回到自己的工位，上网查了一下这本 *Machine Learing in Action*，还真有中文版，如图 6.2 所示。购买网站上这本书的旁边还推荐了好几本关于机器学习的书，很多都是翻译过来的，而且都是当年出版的。

图 6.2

这两年国内算法、机器学习很热，这出版界也是紧跟形势啊，很多英文书一出来，很快就有了中文版本，市场驱动啊。

这个 Andrew Ng 不就是吴恩达嘛，是百度的首席科学家，原来还自己教课，不知道讲得怎么样。程易庆幸有这么多耐心的小伙伴，找个懂行的问问，总比自己乱找节省时间，接下来就要自己下功夫了。

程易先听了听网上的课程，中间有些名词不是太懂，毕竟隔行如隔山，还是要实际上手编程看看，实际体会一下。

Andy 推荐的这本书内容还挺丰富，基本的算法也都提到了，但是每个算法都是用 Python 重新实现了一遍，这个对程易来说有点太费时间了。

程易第一个做的是决策树，弄了好长时间都没搞定。他既对 Python 不熟，又对算法似懂非懂，出了错都不知道是因为语句问题还是因为数据问题。

今天这个程序没调通，还要赶着写测试计划的文档，程易就把程序先放下了。他在公司有一堆事，不是这个同事找就是那个同事找，回到家里什么也不想干，打开这个程序更是头大。这些问题又不好意思再去问 Andy，俗话说，救急不救穷，关键时刻人家给指点一下就很好了，哪有手把手教的道理，谁的事不是很多呢。

有没有点门槛低的书？程易记得当时网站上还推荐了几本书，中间有一本好像还有 Kaggle 的字样，是不是可以找来看看？程易打开电脑，找到那个推荐列表，的确有一本用 Python 来处理 Kaggle 任务的书。这本书看起来简单一点，至少可以先干起来。按照书上的方法安装编辑器，这个编辑器使用比较简便，在网页里就可以编程。

从哪道题目开始呢？书上提到的第一个任务是关于泰坦尼克的数据。程易打开 Kaggle 网站，这个数据还在（见图 6.3），有上万个队伍试过了，估计有很多也是程易这种入门级别的。

图 6.3

这个题目非常简单，当年泰坦尼克号的大部分乘客遇难，但还有一部分乘客幸存了下来，题目就是预测一个乘客获救的概率。书里也给出了建模的步骤，用的是最简单的方法——逻辑回归和决策树，这次不用自己写了，直接调取一个程序包就可以了。程易照猫画虎般把程序写完了，终于可以跑起来了。

程易把结果上传，看看成绩如何，只排在几千名的位置。虽然成绩不怎么样，但是程易终归还是建了生平中的第一个模型，来之不易啊。

有了这个经验，程易又回去听了吴恩达的课程，就更容易理解了。这种二分类模型应用得挺普遍的，客户点不点文章是二分类问题，买不买东西也是二分类问题，贷款后还不还钱还是二分类问题。

公司的算法工程师用的算法更加复杂，精度更高，但是目标是一样的，评估指标也是一样的，ROC 曲线、AUC 值、F1 变量这些都是通用的。以后与算法工程师沟通，至少这些名词都知道，也好交流。

随着项目二期工作的逐步展开，程易与算法组的交流越来越多。二期项目上线后，后面还有更多的项目会用到算法模型，作为数据产品经理，他越来越体会到这一点。

对于一个数据产品经理，程易算是做得不错了，能跑通一些基本例子，理解各个算法的基本常识，毕竟他不是算法工程师。但也正因为他不是算法工程师，所以对于模型的好坏往往不能只用这些指标来评估。达到产品的目的才是产品经理应该关注的重点。接下来的项目会让他更深地体会到这一点。

数据产品经理需要了解算法，这样就可以更好地了解算法的边界，同时可以更好地与工程师沟通。如果能自己动手操作，从实际数据中训练一个模型出来，就更能体会中间的基本流程。

如果时间紧迫，那么可以不用花大量时间去实现算法细节，但是至少要知道算法的评价方法，理解算法的输入和输出，以及不同算法的优势和劣势。

——程易"数据产品经理的算法常识"

3. 数据为本

报表系统二期顺利上线，程易又马不停蹄地进入下一个项目，负责移动端的推荐系统。

程易所在公司原来主要在 PC 端，随着手机的普及，妈妈和准妈妈们更多地开始使用手机获取信息。用户的转移必然带动产品形态的变化，公司也顺理成章地开始开发手机端的 APP，而且手机的用户比例越来越高。

程易从后台数据中发现，用户的转移与人们的使用习惯有关，想来也符合常识。对于比较注重创作的行为来说，桌面端更方便一点，比如，发表文章都在桌面端，而文章的浏览更多的是在手机端。一些音频的课程用手机听也更方便，总比正襟危坐在电脑前好。

视频和图像的发布，则逐渐从桌面端转到了手机端，手机拍照功能越来越强，原来爸爸们都是打着给孩子拍照的旗号买单反，后来都开始用手机拍照了，因为拍摄、处理、发布都很方便，而且效果一点都不比单反差，何乐而不为？

手机浏览信息方便，但是有一个问题是，手机屏幕小，这么多内容形式，展现起来各种各样。从总的产品战略出发，需要一个栏目，用信息流的方式呈现不同的内容，这样个性化的推荐自然提上了日程。

这个信息流中包括的内容很多，比如，合作的自媒体发表的文章，社区内的典型问题的提问和回答，还有用户发的图片、视频。原来在社区中就有关注关系，在信息流中也要体现出来。更复杂的还有商品和付费类的课程，所有这些都会整合到信息流中。

对于这样一个复杂的推荐产品，程易还真有点无从下手。程易在产品经理的社区里找了很多资料，自己的同学在一个短视频公司做推荐相关的工作，他们公司网站上还有很多好的经验文章。程易看了不少资料之后，有了初步的打算，也与公司的 CDO 做了深入的讨论，最后决定先不上复杂的算法，而是先建立合适的评价体系，然后逐步改进。

比较显性的衡量指标就是点击率、停留时长、转化购买率，不同的内容，评估标准也不一样。对于文章类的内容，除点击率以外，观看的时长也是一个重要指标。

程易在看数据的过程中发现了一个问题，就是有些文章的点击率高，但是用户点进去很快又出来了，所以平均阅读时长反而比较低。程易把这类文章一一找了出来，看看到底怎么回事。不看不知道，原来这些文章的标题都比较吸引人，但是内容和题目关系不大。这些内容不好的文章，需要通过技术做一些筛选，才能保证读者的阅读感受。推荐系统要做的不仅仅是提高点击率这么简单。

有了基础的评价系统，就可以迭代不同的算法。与算法组同事沟通过很多次，程易明白了，对于不同的内容，推荐方式还是有很大差别的。

对于数量有限的课程内容，如果客户购买行为比较多，就可以用基于物品的协同过滤，计算不同课程之间的相关性。对于用户行为比较少的内容，使用标签和分类来计算相关性更加合理和可行。对于更新比较快的文章，由于推荐时用户行为比较少，就需要抽取文章的类别和主题，进行关联性计算。

除基于物品的推荐算法以外，还有基于用户相似性的推荐算法。使用不同的算法都可以初筛出一些内容，最后通过更精细的排序算法，挑出最后推荐出来的几条内容。最后的排序算法需要使用点击率预估模型，综合客户过去的数据，进行建模分析，来预测客户此时此地的兴趣。

程易明白，这里最直接的做法是建一个二分类模型，给每一篇初筛出来的文章打分，最后选取分数高的几篇进行推荐。要建立这样的模型，就需要正样本和负样本，正样本可以设置为被点击文章，但是负样本却比较难办。

"咱们这个负样本怎么定义，是不是需要额外的埋点？如果需要，我就要催开发组那边赶紧改了。"针对这个问题，程易专门找算法组的负责人邹博士问了一下。

"这个问题比较复杂，列表页展示十个内容，一个客户直接就点击前面的几个，而后面的还没来得及看，如果这些没来得及看也记为负样本，那么建模的时候就会混淆。所以要知道点击的文章在列表页中的位置。"邹博士说道。

"点击之后的条目不能作为负样本，因为读者还没看到，是不是？这对埋点要求还挺高的，需要记录列表页展示的条目和点击的条目，还有它们的位置。"程易边梳理具体的需求，边想着和开发组那边怎么沟通。

"是的，如果没有这个埋点，未来想做得更精细，恐怕就很难了。"邹博士也希望提高算法的精度，但是这需要数据的支持。

这些数据问题需要程易来协调，他是产品经理，需要为最终的结果负责，各种资源都要协调到位，工作才能顺利开展。对程易来说，负责推荐系统还有难题，就是回音壁效应，这也是所有推荐系统都要面对的问题。

用户的选择都是根据历史行为来推导的，模型推荐了内容，客户点击了内容，客户的点击行为强化了模型，让模型只能在有限的范围内推荐内容。这就需要探索的机制，也就是说，不能只看点击率，还要有一定的新颖性，这样才有可能有惊喜。不过这种探索是要付出代价的，可能会降低点击率。对程易来说，要平衡客观的点击率数据和用户的主观感受。

程易试用了很多种探索的方式，结果表明，这种探索不能放在最靠前的页面中，如果探索做得不对，一开始就会把用户吓跑。可以等用户有一定的行为之后再做探索，这时用户的容忍度会更高一点，探索的成本也会更低一点。这些探索本质上可以收集到更全面的客户数据，可以更好地理解客户总体的需求。

无论是更合理的埋点还是更高效的探索机制，都是为了更好地收集数据，让机器可以生成更准确的模型。程易作为数据产品经理，处处都离不开数据，数据帮助他改进产品，也帮助机器改进算法，无论做什么，数据都是基础。

机器是个非常单纯的孩子，不像人掌握了一定背景知识，数据经过人类大脑时，会与原来的模型对比，对极端的数据会有警醒。

机器对这个世界的感知很单纯，完全来自"喂"进去的数据。如果"喂"进去的数据有问题，那么"吐"出来的模型也会有问题，所以数据的正确性和全面性至关重要。

—— 程易"数据在哪里？"

4. 赠人玫瑰

程易这一路走来，从社区和朋友那里学到很多。他想，可以总结一下自己的工作历程，给社区也贡献点内容，所以他想开个专栏试着写写。

专栏的名字叫什么呢？他的名字叫程易，当初父亲给他取这个名字，取的是"诚意"的谐音，希望他对人对事都是有诚意的，专栏的名字干脆就叫"有诚意的碎碎念"吧。

程易回顾自己这两年的经历，做过报表类的数据产品，也做过算法类的数据产品，中间有很多感受，但是到要写的时候，反而不知道如何下笔了。三个月过去了，还是没有动笔。

程易有个习惯，每周都去打网球，有一群固定的球友，平时只打球，也不怎么谈工作。这天打完球在场边休息，无意中谈起了他最近的烦恼。和他聊天的这个球友叫小小，在一个互联网公司负责公众号的运营，平时程易也看她会写一些推广文章，还挺吸引人，不管什么产品，总能写得让人动心，让人想买来试一下。

"你们平时那些阅读量 10 万＋的文章都是怎么写的？太厉害了。我最近想写个专栏，注册了三个月，但是一直没动笔，写东西还真不容易。"程易有些惭愧，不过事实的确如此。

"我师傅教过我一句话，第一稿都是垃圾，总要扔掉的，所以回家先把垃圾写出来，然后扔掉，你不就开始了嘛。"小小说得轻描淡写，程易听了却如醍醐灌顶。

"是啊，所以不用纠结写得怎么样，写出来再说！"程易被点醒了。

"文章不是写出来的，是改出来的，那些大师们也不是倚马千言，一下就写得那么好的。"小小说道。

"经验之谈，真是经验之谈。我今天晚上就开写，有机会帮我看看，回头请你吃饭。"程易这句话说得倒是很有诚意。

"吃饭就不用了，有机会多打打球。"小小说完拿起拍子上场了，留下程易一个人在那里若有所思。

回家的路上程易脑子里还一直盘旋着小小说的话，回到家里洗了澡，坐在电脑前，过去几年的种种历历在目，开会时的窘迫、看不懂代码的痛苦、数据收集不全的懊恼都涌了上来。这些念头和场景都很鲜活，但都是一个一个的片段。不管它了，先写下来再说吧。就这样一个场景接着一个场景，当时的感想、事后的感悟，程易将它们都倾注到了文字里，没有结构也没关系，只要一直写下去。

程易没感觉到时间过了多久，只要把想说的话都写下来，他的大脑就被清空了，多年盘旋的意念都被下载到了文字里，不知什么时候，他倒在床上睡着了。

也许是打球打得太累了，也许是头一天晚上睡得太晚了，第二天早上起来时已经十点了。

打开电脑，程易又看看昨天晚上写的那些东西，有点不相信是自己写出来的，虽然断断续续，但还是能体现出当时的心情的。这么多片段可以摘出一些凑成一篇文章，最早经历的就是当年刚做报表平台的事情，有一期和二期，这个可以写一篇。主要是讲数据产品的两个方面，一方面展现数据趋势，另一方面还要提供决策指导，案例都有了，现在主要是再提炼一下观点。

俗话说，快写慢改，还真是慢改。程易每天回到家再看看前一天的文章，有些地方总是不太通顺，或者说法不是太合适。程易白天除工作以外，脑子里总是在想这篇文章还能怎么改改。

断断续续持续了一周，这篇几千字的文章终于写完了。这个题目叫什么？程易先想到的是"如何设计数据产品"，但是这个题目有点泛，而且网上有很多文章用了这个题目，反倒更像是一本书的名字。

程易又想到"数据产品的'德'"这个名字，"德"是指数据产品应该具有功能和品格，有点太晦涩了，一般人不太容易读懂。

这个数据产品既要有数据，又要有决策，怎么能把这两点在题目中体现出来呢？程易抬头看见书架上有本《王阳明大传》，一个念头从脑海中闪过，看到数据是"知"，做决策是"行"，这不就是阳明心学说的知行合一吗？那这个文章的题目就叫"什么是知行合一的数据产品？"吧！

"自己折腾了一周，还是先给小小看看吧，不知道别人看了感觉怎么样。"程易把文章通过微信发给了小小。

小小回复得倒是很快："文章观点还不错，但是开头似乎有点太干了。还有就是，你写的句子太长了，'一逗到底'，我都读着累。这是我给你改的，供参考。"

程易打开一看，经过小小修改后还真是不一样，读起来更通顺，也更容易理解了。其中一句原来是"这样就让此类问题得到了解决"，小小改成了"这样就解决问题了"，动词在前面更符合大家说话的习惯。

程易多年都在写说明文，为了表达清晰，句子里的定语从句都非常长。要改变写作习惯，还不是一天两天的事情，这写作还真是个技术活。

"有什么书推荐吗？"程易问道。

"《风格的要素》《风格感觉》，还有个卡片写作法，你可以看看，我当初也用过这种方法。"小小给出的建议非常简单明了。

程易搜了一下《风格感觉》，微信读书里有电子书，如图 6.4 所示。

图6.4

网上关于这本书的介绍有很多，其中的一句话打动了程易，作者史蒂芬·平克说过："写作是把网状的思想，通过树状的句法，组织为线状展开的文字。"这是个复杂的转换过程，所以写作一定不容易。

"的确如此，高手就是高手，他总能把你心里一直说不清的东西，用简洁的语言表达出来。"程易心里暗暗佩服。

卡片写作法是一个非常有意思的方法。它是著名作家纳博科夫的写作方法。他接受 BBC 采访时说过的一段话，可以总结他的写作技巧："我现在发现，索引卡片真的是进行写作的绝佳纸张，我并不从开头写起，一章接一章地写到结尾。我只是对画面上的空白进行填充，完成我脑海中相当清晰的拼图玩具，这儿取出一块，那儿取出一块，拼出一角天空，再拼出山水景物，再拼出 —— 我不知道，也许是喝得醉醺醺的猎手。"

程易想起了那个晚上，凌乱的思绪，敲打键盘的双手，不断涌现的文字，没有严谨的结构，只有一段一段的想法，不就是一张一张的卡片吗？他原来并不知道这个方法，但是人的本能让他不自觉地采用了这种方式。

对程易来说，开头是最难的，与大师不谋而合的做法让他开始写作了，这才是最重要的。

程易谢过了小小，便继续他的写作之旅。顺着那天晚上的节奏，程易又把更多的想法和经历写了出来，然后对内容进行了一下划分，分别写成了几篇文章，包括"数据产品经理的算法常识""数据在哪里？"等。

程易的专栏文章虽然不多，但也给他带了很多读者，有几千个关注，这些都是鼓励他写下去的动力。他觉得自己没有写作的天赋，不是每天都能写出千字文的博客作者，每次都要将经历、体会积攒起来，到了特别想写的时候才能写出来。每个人都有自己的特点，顺其自然吧。

很多同行看了程易的文章后，加他微信号。借着这个小小的输出渠道，程易也认识了更多的同行，很多刚入行的人也会向他咨询问题。

在自己编织的小圈子里，程易可以看到更多思想的碰撞，也激励更多的朋友开始写作。有人会问他如何开始写作的，他都如实作答，知无不言。当年也是因为小小的指点，才让他开始写作的，这也是他回报的一种方式。

他在开始写作的时候，也没有想到后来的这些事情，这都是意外之喜，用心做的事情总是有可能开花结果的。

这天又和小小在网球场上相见了，小小笑着对程易说："看你写得还不错啊，有不少'粉丝'啦。突然有个想法，如果你能写个故事，可能读者会更多呢。我不是你们数据圈子里的，但还挺想听听你们的故事的。"

"哈哈，那几篇文章我都写得'吐血'了，还是多亏你当年的一句指点啊！写故事就更难了，故事不仅要有逻辑、有主题，还要设置情节、人物，再把主题包在故事里。还是直接写篇文章更轻松一点，我还是饶自己一次吧。"

"不过人们更喜欢看故事哦，我们想写个阅读量 10 万 + 的文章，都要编个故事的。如果你真的能写出来，我就是你的第一个读者。"小小说话依然轻描淡写，但总能触动某些人。

也许吧，如果有机会，可以写写数据产品圈的故事，程易暗暗在自己心底埋下了一颗种子，也许有一天这颗种子会发芽结果。

写作可以帮助别人，更是对自己思想的梳理，赠人玫瑰，手有余香，何乐而不为呢？

—— 程易"为什么开始写作？"

5. AI 时代

一大早程易来到公司，CDO 黄总就召集数据产品经理、算法组负责人开会，大家还不知道到底因为什么事。

"昨天 CEO 找我，希望咱们也做一些 AI 的创新。未来是 AI 的天下，咱们不能落后，而且做这些对于公司形象的提升也很有帮助。"黄总说道。

听到这个，程易真的不奇怪，最近 AlphaGo 战胜了李世石，一夜之间连街边下棋的老大爷都知道有个什么"狗"下棋把人给赢了，未来这 AI 还不把全世界都占领了？

"他到底想做个什么应用，AI 的范围很广啊。而且咱们做推荐，也用机器学习模型，应该也算 AI。"程易说道。

"他其实想做个对话机器人，比如，一个'知心小姐姐'，妈妈们没事的时候可以和它聊聊天，有事的时候可以问它，它也可以回答。"黄总说道。

"可以理解，对普通人来说，AI 应该是语音识别，像机器人这种。一般机器学习模型都是在幕后工作，普通人也没有感知。"Eden 说的倒是实情，大部分技术都离普通人的生活太远了，只有比较显性的应用，人们才认为是 AI。

"对于这个机器人，他还畅想了很多功能，比如，这个机器人要像助手一样，可以调出 APP 的各种功能，帮忙搜索内容和商品，回答一些客服问题，同时还要了解妈妈们的心理，可以解答怀孕和育儿相关的问题。"黄总又进一步解释了 CEO 的想法。

"这些功能需要的条件不一样：APP 的使用帮助更像问答系统（FAQ），有现成的答案；而语音助手稍难一点，比如，小爱音箱这种，单轮的对话可以解决；最难的是解答孩子健康、教育的问题，可能需要多轮的对话。"算法负责人吴博士说道。

"那还是分步做比较好，先把基本的问答做了，其他功能再慢慢加进去。"程易建议道。

"我也是这个意思，你们商量商量，分哪几步，我也和 CEO 沟通一下，让他心里有个合理的预期。这个事情程易你先牵头做吧，需要哪些资源咱们随时沟通。"黄总说道。

"好的，黄总。我和吴博士具体规划一下。"程易答应下来，这是个探索性的项目，他也没想好具体如何做。

会后程易找到黄总，问了一个自己关心的问题。

"黄总，您看这次这个 AI 助手，是不是咱们自己控制页面，等成熟了再交给 APP 那边？"程易试探地问道。

"这个事情才刚开始，你有什么难处？"黄总不解地问道。

"是这样的，去年网站产品部门想在个人页面加入一个数据统计，他们设计页面，我们提供数据接口。不过中间两边沟通环节比较多，前后端改起来都比较麻烦。这次的应用比上次更复杂，如果不能从前到后一体化设计，可能对进度的影响会很大。"程易对上次的事记忆犹新。

"负责 APP 的产品经理我们还挺熟的，我和他沟通一下，尽量说服他。"黄总说得不那么肯定，程易也知道这件事不容易。毕竟这类事情关系到各个部门的做事风格，也关系到各个部门的 KPI。

"好的，那我找吴博士，今天给您一个规划。"程易决定还是先把自己能做的事先做了，转头便去找吴博士商量了。

吴博士负责技术实现工作，比较务实，对于整个事情给出了自己的建议："FAQ 那个页面做一个自动的客服相对比较简单，可以先做。对话机器人可以找一下服务商，咱们自己从头做的话，估计时间会很长，这里面需要对话的引擎，还需要很多具体的知识。我有朋友就是做这方面的，我问问他，哪几家服务商比较靠谱。"

"我觉得也是，简单的部分先做出一点效果来，给复杂的部分留点时间准备。那麻烦你帮忙问问，咱们多找几家对比一下。"接着，程易又和吴博士整理了一个初步的计划，发给了黄总。

没过几天，黄总找到程易他们，给大家吃了一颗定心丸："我和 CEO 谈过了，可以按照咱们的想法先做，不过也别拖的时间太长，对话机器人早晚还是要做的，你们早点做准备。"

"好的，我们已经开始接触不同的服务商了，看看市面上能做到什么程度。"程易说道。

"还有，APP那边我找过了，这次咱们来总体开发这个页面，以后成熟了再转给他们。"黄总说道。

"黄总，您怎么做到的？这样的话，接下来估计会顺利很多。"程易非常高兴，这样就减少了他很多工作量。

"毕竟大家比较熟嘛，请他吃了顿大餐就搞定了。而且这个事情CEO很关注，一定不能掉链子。"黄总像是开玩笑一样，程易知道应该没有这么简单，不过结果总是好的。

大家开始分头行动了。首先开始设计开发FAQ那个页面，相关的语料要搜集、完善，同时对话系统的引擎也要对比、评估。

市面上做对话机器人的公司不少，吴博士介绍的几家都还比较靠谱，各家都过来做了演示，也强调了自己的优势。

"可以提供对话系统的引擎，内部具体的图谱和语料你们可以自定义。比如，闲聊模块就可以自定义。"这家公司的售前工程师介绍道。

"什么是闲聊功能？"程易不解地问。

"一般人们面对拟人化的机器人，都会问一些与具体知识无关的问题，比如，你几岁啦，家住在哪里啊。您是不是当初也调戏过Siri？如果闲聊过程中，机器人回答得不太合理，用户就会感觉它怎么是个'智障'，也就会不信任它。"工程师解释道。

"理解，不过这个不用给出特别正确的回答吧，能把话接下去，感觉就不错了。"程易想起自己调戏各种手机助手的情景。

"的确，所以处理的方法很多，市面上也有一些通用的聊天机器人模块。我们提供自定义的接口，可以加入一些你们的语料，更符合你们自己的场景。"工程师强调了自己产品的优势。

"好的，你继续介绍吧，还有什么优势？"程易理解这个功能了，想继续听下去。

售前工程师又介绍了很多具体的功能和场景，产品和算法团队的同事听了感觉都还不错，演示效果比较流畅。

最重要的是这家厂商可以提供引擎，供客户自己定制化地开发，可以更灵活地用在不同的场景中。公司自然语言处理（NLP）团队有一定的积累，具体场景自己开发，可以更快地调整，费用上也有一定的优势。

这家服务商也觉得比较可行，因为作为对话机器人的厂商，如果客户要深度定制，那么他们就要积累这个行业知识，投入比较大，同时不好规模化。他们目前的核心还是做金融行业的比较多，银行、保险这类企业的业务比较类似，知识复用比较方便。

对于其他的行业，如果能输出产品，配合轻量级的服务，还是比较合适的。有了这样一个服务商，程易心里也有了些底，应该能保证一个基本的服务。

FAQ 模块上线比较顺利，可以正常商用了。但是做对话机器人并不容易，在内部给 CEO 展示的时候，单轮对话还可以，一旦问得比较详细了，机器就抓不住重点了。

事前程易也和大家介绍了多轮对话的难点："多轮对话的确比较难，中间会出现各种各样的问题，包括上下文的衔接问题、语义分割问题，都是很大的坎儿，还需要一定的改进。"

"那我们先试试，看看效果怎么样。"CEO 还是想亲身经历一下，问了好多次，机器的回答实在不能让人满意。与孩子相关的问题多种多样，而且还是比较模糊的问题，机器始终还是个机器，很难像人一样交流。

"FAQ 做得还不错，你们应该更进一步啊。你看 Google 大会上那个机器人不是很牛吗？与真人没什么两样啊，说明技术是可以的！"CEO 说道。

"我们再有针对性地攻关一下，改善体验，现在这个暂时不上线吧？"程易试探性地问道。

"好吧，你们再努努力，期待下次更智能一点。"CEO 不无遗憾地说，看得出他对这件事还挺上心，只是效果还不太令人满意。

会后，程易和黄总商量："黄总，咱们请厂商的专家来给 CEO 解释吧。如果能做成单轮对话的助手，估计还可行；如果做多轮，还要覆盖所有场景，估计这项目很难上线啊。"

"嗯，你联系一下厂商吧。还有，我找项目管理经理（PMO）聊聊，让他和 CEO 再沟通沟通。"程易和黄总也是尽量让大家有个合理的预期。

公司对话机器人在不断改进，单轮的语音助手也上线了，效果还不错。但是多轮对话的服务的确非常难做，一直达不到理想的效果。

　　不过人们对于 AI 的认识也慢慢趋于理性，各种媒体对于对话机器人也有了更合理的评价，CEO 慢慢认识到，要做到和人一样，需要非常大的投入和成本，结果可能会得不偿失。

　　在工作总结大会上，CEO 说道："感谢大家的努力，在这个行业里，咱们公司是第一个做出人工智能助手的公司，效果在行业里也是领先的。希望大家再接再厉，从更多的层面推动人工智能的落地。"程易听出了 CEO 的意思，也松了一口气，这个工作算是基本告一段落了。回想起来，几番滋味在心头。

　　第二天早上，程易走出地铁站，抬头看见街上行人匆匆，都在赶向自己的目的地，开始新一天的工作。

　　程易也有自己的目的，他想让数据和 AI 产生更大的价值，AI 的落地需要更多的 AI 产品经理，连接场景和 AI 技术。AI 也许还会遇到低潮，但是 AI 的价值会沉淀。这其中有成功也有挫折，但是历史就像这每天升起的太阳，不会停止前进的步伐，会按照自己的节奏前行。程易希望能跟上它的脚步，走出一条自己的路。

　　AI 浪潮来得快，人们对它的预期也高，大潮退后难免会失望。普通人的感情会随着 AI 的成功和失败起伏，或赞赏，或唾弃，这都是人之常情。

　　其实 AI 是偏科的天才，只有将其放到正确的位置上，它才能创造价值。AI 产品经理就是这个关键的角色，理解这个天才的长处，为它找到正确的位置，价值也随之而来。

—— 程易"忽如一夜春风来，人工智能遍地开"

07

面向未来的首席数据官

陆哲　教育机构首席数据官，毕业后在大公司从事算法工作，后来在短视频公司负责推荐系统的工作，再之后成为一家教育机构的首席数据官，通过数据改进公司的运营，负责教育数据化的工作。

1. 数据极客

"OK，过了。"耳机里传来录音师的声音。

"终于完成了。"陆哲摘下耳机，心里轻松了不少。

这门"推荐系统黑带指南"的课他早就想做了，但是工作太忙，一直没有机会好好梳理。

以前陆哲做过一些直播，分享过一些观点和经验，有些积累。但是录播课和直播课不同，录播课需要写逐字稿，还要录音，需要投入更多精力。这次终于录完了，他也完成了自己的一个心愿。

这个想法的产生还要感谢他的朋友小 R。小 R 在数据行业中摸爬滚打多年，现在选择做一个数据应用课程的老师，加入一家还处在起步阶段的数据科学普及组织。这家公司专注于为企业和数据从业者赋能，也会推出一些直播、文章和课程。

陆哲帮着小 R 策划过一些课程，有一次讨论完了教案，他禁不住问小 R："好多朋友让我推荐数据负责人，你经验这么丰富，也有大公司经验，为什么年薪百万的职位不做，来做课程呢？"

小 R 稍稍思索了一下，似乎要找到某种表达的方式："上一个职位结束的时候，我也问过自己这个问题。数据行业里的各种职位我都做过了，大公司、创业公司、电商、数据服务商都做过，所以我想任性一下，找一份有趣的工作，与一些有趣的人共事，让这个世界变得好那么一点点。你看，现在不是能和你这种有趣的人一起做事吗？"

陆哲笑了，说："还是第一次有人说我是个有趣的人，这可是个很高的评价，我有点承受不起，哈哈！"

陆哲对于自己的认识没错，一直以来，他都不算是个有趣的人，但一定可以算一个目标明确、执行果断的人。

本科和博士都毕业于国内一所知名的985大学，成绩很好，毕业后进了大公司工作，做算法研究，在技术上一路钻研，发过论文，也做过工程实现，在圈内算是小有名气。

陆哲相信数据和算法的力量，也相信这个世界的变革最终还是技术的革新推动的。虽然不知道未来会怎么样，但是技术的硬实力是谁都拿不走的。有了过硬的技术，不甘人后的陆哲想的是如何实现技术的价值。这些数据和算法只是待在服务器里，虽然看上去非常高端，但是如果不能创造价值，终究还是一堆数字。

后来他选择进入一家短视频公司，负责推荐系统的工作。

当初选择短视频这个行业，他也做了很多调研和对比，看到了短视频行业的前景。随着移动互联网的发展，移动网络越来越快，资费不断下降，短视频的需求会越来越多，产品也会越来越丰富，商业机会不可估量。而选择做推荐是因为推荐系统是个综合工程，不只是算法，还有工程上的实现，产品上的设计，运营的配合。面对这些挑战，陆哲有机会拓展技术之外的各个领域，为他的下一步打基础。

推荐系统的工作会涉及很多部门，能与不同部门优秀的人合作，陆哲收获很多，也干得非常愉快。随着推荐系统的不断升级迭代，推荐功能帮助公司带来了大量的用户，视频应用的业务营收与用户活跃程度是密切相关的，推荐系统创造的价值越来越大，成了公司的核心竞争力。

公司的日活和营收不断增长，最终成功上市。陆哲相信其中算法和数据起了重要的作用，这也印证了他当初的想法，自己做的事情是有价值的。

为成绩兴奋之余，同时他也有些失落，自己的团队有几十个人，每天读论文，做测试，最终只是让人消磨更多时间，点击更多广告，这些算法和数据还能干什么呢？

陆哲没有答案，与小R的交谈让他希望可以更好地问问自己，接下来要做什么。

在想好之前，陆哲便从短视频公司辞职了。有一段时间他可以专下心来总结和沉淀，也把多年的心愿完成：专心用半年时间把课程做完了。

朋友们对陆哲的行为都有些不理解，现在短视频行业炙手可热，陆哲做的也是数据和智能的热门岗位，为什么说走就走呢？

其实这个决定背后，陆哲也有自己的个人原因，就是想有时间多陪陪自己的家人，这几年他欠家人太多了。

原来在大公司算法技术岗时还好，完成自己的任务，时间上总是可以控制的。毕竟有些算法研究工作不是那么急的，最重要的是做得更深，也可以发表一些论文，还可以参加国际会议，与同行分享。

而在短视频公司负责推荐系统，工作节奏就完全不同了。当时正是市场竞争最激烈的时候，各个平台的投入都非常大，公司上下都盯着各种KPI，工作强度可想而知。作为团队的负责人，陆哲更是不能松懈，回家都非常晚，孩子睡觉早，晚上回去孩子基本上都睡了。

陆哲是个夜猫子，回家还会再看一会儿书，充充电。每次看着孩子熟睡的小脸，他自是喜爱，但的确有些愧疚。

等早上他起来的时候，孩子已经上幼儿园去了。一周六天上班，基本上跟孩子说不上话。

平时见得少，孩子见他倒是很亲的，但是孩子一天一天长大，家里的老人和妻子付出了很多，他陪孩子的机会太少了。

孩子已经上小学一年级了，对于孩子的教育，他也有些焦虑，如何教育他也不知道。

陆哲自己小时候学习成绩好，家里也管得少，现在想起来，有什么经验呢？放任不管算是好的方式吗？似乎也不是。现在小朋友竞争的激烈程度，与当年可不能同日而语。孩子的同班同学在一年级时就开始上各种培训班了，在这方面，他和妻子没有特别在意，他们希望孩子可以放松一点，不要那么紧张。但是孩子在学校如果有一些散漫和退步，老师还是会经常找家长谈话，孩子的事情不能忽视。

陆哲从事数据和算法工作多年，他更明白数据和人工智能的步伐势不可挡，会在各个行业不断渗透，未来自己的孩子生存的世界，可能到处都是 AI 和数据应用，很多重复性的工作都会被机器接管，那一个孩子需要什么样的品质，才能面对未来的挑战呢？

这个问题他没有清晰的答案，回想自己小时候上学时，家里管得很少，全凭兴趣，学习也不差，但是个体的经验不能代表所有人，每个孩子都不一样。而且现在孩子面对各种诱惑，各种电子设备，各种信息渠道，他也不知道孩子到底应该学什么，不应该学什么。

现在虽然半年时间都一直在家，但是陆哲在圈内还是有些名声的，猎头的电话一直没断过。很多企业都在找推荐团队的负责人，有做视频的，有做电商的，陆哲都没有接受。他不想同样的事情再做一遍了，而且推荐只是一个公司业务的一部分，他想从更全面的角度体会一下数据到底能有多大用处，能创造什么样的价值。

这天有个朋友说，一家儿童教育公司在找数据方面的负责人，介绍陆哲去聊聊。陆哲顾及朋友的关系，而且对于孩子的教育也很好奇，就答应见面聊一下。

与公司创始团队谈得非常愉快，CEO 姜总做教育多年，有自己独特的理念，公司的业务也很成功。但是为了更大的发展，希望能借助数据的力量，让公司的管理更上一层楼。

陆哲的专业能力没得说，对于数据工作也有一套自己的方法论，大家聊得很开心，都更想了解对方的领域。

不过陆哲并没有马上答应，他也表达了自己目前的想法，关于对家庭和工作的思考。

姜总倒是没有强求，不过临结束时还是表达了自己的心意："我们觉得教育的未来一定会越来越数据化、智能化，如果你加入我们，我们也没法给你提出具体的要求，应该做什么，这个还要大家磨合，但是我们一定给你足够的支持。而且你的孩子也是处于正在成长的年纪，对于孩子如何教育，应该也有很多困惑和思考吧。如果能用你的专业，让孩子们的教育更好一点，岂不是也是你的心愿？'幼吾幼以及人之幼'，教育事业的发展，对于咱们的后代也是一种福分啊。"

陆哲回到家后认真思考了姜总的建议。作为专业，他对于教育行业的确了解不多，但是作为父母，他能体会所有父母的殷切之情，为孩子教育花钱，是一个家庭最舍得的开支，这个市场应该会越来越大。而且数据在教育行业的应用还是非常初级的，可以有很大的提升空间。陆哲也不知道未来能做什么，但正是这种未知吸引了他，这一丝未知的火花燃起了一股好奇的火。

他选择接受这个挑战，为了自己的好奇，也为了自己孩子的未来。

2. 数据埋点

陆哲入职的身份是首席数据官，要管理整个数据团队，负责数据价值的转化和落地。

陆哲直接向姜总负责，在他参加的第一次管理层大会上，姜总给各个部门做了介绍。

"这是我们的首席数据官，陆哲陆博士，大家欢迎他加入咱们公司。"

"陆博士啊，这以后关于数据的问题就找您啦。"公司首席运营官（COO）蔡总在旁边接道。

"大家好，以后一定和大家多沟通，有什么需要随时沟通。"陆哲站起来和大家打了招呼。

"我们还是很重视数据的，小崔，咱们先看看数据吧。"会议开始了，姜总示意打开相关的报表。

管理会上看的数据都比较综合，主要是一些汇总的指标，比如，营业收入、新用户数等，从数据上看公司发展还是非常好的，上一轮融资后，业务铺开非常迅速，各个指标涨得很快。各个条线的负责人，看着指标涨了，也都非常兴奋，围绕一些问题大家讨论起来。

陆哲一直在旁边默默地听着，没有发言，一些有疑惑的地方先记下来，毕竟刚来公司，还不熟悉情况，不过看公司的发展势头还是不错的。

从会上下来，回到自己工位，陆哲也要和自己团队的人熟悉熟悉。说是首席数据官，其实手底下没有什么兵，负责数据集市的有两个工程师，还有两个数据分析师负责制作一些报告，早上管理会上的小崔就是其中的一个，她还在忙着。

陆哲看她打开一个数据分析网站，在往外拷贝数据，再粘贴到 Excel 里，就问道：“你早上的报表还要手动做吗？”

“是啊，咱们的 APP 和网站上的日活数据分开，iOS 系统和 Android 系统也由两个平台统计，我把它们加在一起。”小崔回答道。

陆哲仔细看了看，原来小崔看的是互联网行为分析数据，现在用的是网上的免费分析平台，APP 埋点后，在云端平台收集、解析，然后给出基本的报表。

由于 Android 系统的 APP 和 iOS 系统的 APP 是分开开发的，埋点也各自开发，所以平台上也分开统计，同一个功能按钮的事件名称，不同平台上的也是不一样的，没法统一汇总分析，只能拷出来用 Excel 加和。

“除了这些行为数据，早上看到一些课程购买的指标，这些数据哪里来的？”陆哲问道。

“噢，还有一个固定报表的平台，有一些交易数据，如果老板要一些具体数据，我就跑一下 SQL。有个 MySQL 数据库，存着这些数据。不过购买数据不大，跑起来还挺快的。”小崔介绍道。

小崔说的倒是实情，教育公司的业务就是这个特点，虽然金额汇总挺大的，但是一个客户的缴费就是几千上万元的，其实总客户数并不多，不像当年做短视频，用户动不动就是几千万上亿的，数据虽多，但是数据的价值密度不大。

“那这些 APP 行为数据咱们都存了吗？”陆哲想起一个非常要紧的问题。

“我也不知道，你找数据库的同事问问吧。我们也没用过，不知道存没存。”小崔的确不知道，她平时都是从网站上看这些汇总结果，从来没见过这些点击数据到底什么样子。

陆哲这一来就得解决这个棘手的问题，名字叫首席数据官，可是没数据还怎么当数据官。

随后陆哲带着几个小伙伴开展了几周的调研，初步确定了下一步的目标，具体如下。

①建立统一数据平台，统一收集管理互联网行为数据、订单数数据、运营数据。

②梳理数据和埋点，比如，统一前端和后端的客户 ID，统一不同移动端事件的命名，为未来的深入分析打下基础。

③建立自动化的报表平台，梳理相关指标，做到基础报表的自动化。

目标很清晰，但是实现起来还要一步一步走，这都是牵动整个公司开发和运营的大动作，各个部门都要协调。

首先，这个数据埋点的问题就不容易解决。如果不了解埋点数据收集的核心机制，就很容易埋下隐患，以后分析起来，再查错就麻烦了。

陆哲当初做推荐的时候，客户的行为非常复杂，很多细微的行为都要收集，所以在埋点的问题上，陆哲下过很大的工夫，这次正好用上了。

数据埋点技术本身并不复杂，客户每做一个动作，比如，点击按钮，APP 都会执行一小段程序，发送一条日志到数据服务器。服务器再对日志进行解析，把数据提炼出来并存储起来，作为数据分析的材料。

但是埋点工作涉及多方的配合，从需求的提出，到埋点方案的设计审核，再到埋点程序的开发、测试，缺一不可。这都需要陆哲牵头，协调埋点的相关各方，聚在一起开会讨论部署工作。

埋点本质上是为分析服务的，就像厨师做菜，先想好做什么菜，再针对性地找食材。有时为了做一道好菜，甚至连怎么播种、收割都要考虑。所以分析需求有一部分是移动端产品经理提出来的，他需要分析用户的特定行为，所以要针对这个分析来埋点。

面对埋点需求，开发部门也有苦衷，时间安排上非常紧张："你想得太多了，我们开发不过来啊，新版本着急上线，你这个埋点需求又一个版本一个样，我们哪有时间啊，能不能减一点？"开发部的负责人说道。

"现在公司都在讲数据驱动，姜总在会上也说了，要重视数据，我这个需求合不合理，陆博士你说说？"产品经理求助地看向陆哲。

陆哲看了一下两边，说道："我也理解开发部这边的难处，咱们公司现在新功能上线比较多，时间紧，不过也正是因为都是新业务，要测试的东西就更多了。如果不知道效果，不知道咱们开发的产品对不对，那么工作就没有价值了，这些点还是要埋的。

"不过我有一个变通的方法，可以让咱们的埋点工作效率更高一些。现在咱们是手工埋点，每次都要单独开发测试，所以工作量比较大。我原来在做推荐时，为了改进推荐效果，也是经常迭代。我们当时有个办法，可以通过配置简化这个过程，回头我找资料咱们对一下，你看怎么样？"陆哲能感受到压力，但他对数据完整性是不会妥协的，这一步是未来工作的基础。

"那好，我们也知道数据重要，但是你看大家也都加班加点的。陆博士，你可要帮帮我们，你们原来先进的方法好好给我讲讲。"开发部的负责人说得很诚恳，不是他不想帮忙，在数据这方面的确还是术业有专攻，没有外部支持，他们自己也搞不定。

"没问题，我们就是做这个的，我一定知无不言，言无不尽。"陆哲保证道。

"还有就是，咱们找个地方，把埋点需求和设定都公开出来，各方都看得见。原来我们专门有个埋点管理系统，咱们现在先不做得那么复杂，主要让大家都能看见，信息透明。"陆哲一直想着这个问题，埋点事情麻烦，本质是个沟通问题，如果能让各方都同步信息，那么数据的收集、使用也能规范化。

会上各方都同意陆哲的建议，陆哲知道这只是第一步，收集数据难，是因为各方看不到数据的作用，不知道花了这么多工夫，数据能有什么具体的作用。一旦数据收集上来了，就得赶紧把数据用起来。

数据展示平台这部分，陆哲坚持用了一套敏捷商业智能（BI）的系统，这样可以让各个业务部门快速上手，未来也可以更好地使用数据。如果每次都是业务部门先提需求，再到数据部门提数，那么效率上总是不足的。而且分析师做的一些有用的深入分析，如果结果比较重要，那么也可以更快地转化成定期的报表。

在梳理了各个业务条线的指标后，平台的搭建开发比较快，几个月时间就初步上线了。一些报表会定期发到各个负责人的邮箱，一些实时数据也可以在数据平台上观看。

在新一轮的融资过程中，投资方需要各种数据，因为平时的积累，陆哲的团队都给得非常及时，投资方感叹道："你们的数据工作还真是效率高啊，我们原来也做过一些互联网公司的案子，规模都做到快上市了，数据还是各种对不上。"

陆哲能理解投资团队的感受。这些数据可视化的工作，虽然用不上陆哲以前研究的高深算法，但是也是大家对于数据最基本的感受。报表及时了、准确了、漂亮了，这数据工作就有用，而且天天都能感受到，数据工作的推进减少了很多阻力。

打牢了基础，陆哲就想着，要找一点更具体的场景，看看数据还能帮上什么忙。无巧不成书，陆哲的第一个机会是从一顿随机午餐开始的。

3. A/B 测试

公司有个很有意思的活动，就是员工随机一起吃午饭。这天陆哲正好与负责移动端产品的 Eric 一起吃午饭，陆哲本来就想找他聊聊，今天刚好碰上。

陆哲想起前两天调研的问题，就问 Eric："最近咱们移动端上了 H5 的推广页，效果怎么样？"

移动端的推广是公司最近特别关注的事情，产品部门压力不小。Eric 说道："刚上线，正在看效果呢。你们上的那个数据工具挺好，我们自己可以拉数据看了。这些活动页面变化挺快的，以前抽数据可麻烦了。"Eric 说起最近的变化非常兴奋。

"那现在的页面设计和文案是怎么定的？"陆哲问道。

"页面是设计团队做的，文案是运营同事想的，我看效果还不错，就上线了。这几天有点数据了，数据还不错。"Eric 回答道。

"你们其实可以把不同的文案，同时上线试试，从数据里能看到到底哪个转化率更高。现在客户的想法还挺难琢磨的，说不定有些新想法更有效。"陆哲建议道。

陆哲前几天看到推广页面上线时，就想到是否可以引入 A/B 测试的方法。原来在做推荐时，不同的算法组合也是不断测试迭代的。现在这个推广页也是一样，只不过原来关注点击率，现在关注转化购买率，虽然受众和指标不一样，但是原理是一样的。

"那明知道其他版本不太好，还要上吗？如果效果不好，岂不是浪费了流量？"Eric 疑惑地问道。

"这就是探索和利用的关系，如果不试验，还真不知道有没有更好的选择，也就有可能失去了提高的机会。可以把预估差一点的少放一点流量，如果测出来不错，再扩大流量，这样就可以控制损失。"陆哲解释道。

"倒是可以试试，不过到底测到什么时候才能结束？如果已经知道效果不好了，就不用再挂在上面了吧，这里面是不是还有统计的问题？"Eric 继续问道。

"的确有个问题，不过这个具体数字可以推导出来。这个你放心，我们帮你具体看看，最后方案咱们一起定。"陆哲没想到 Eric 还会关心统计问题，说明他还是有基本的数据感觉的，这次算是找对人了。

"我们还使用过一种多臂老虎机的方法，流量可以自动根据统计结果变化，这样可以控制成本，还可以跟踪客户喜好的整个变化趋势。"陆哲补充了一句。

"这里面门道还挺多，咱们先把这个对比测试做了。如果可行，以后再用你那个什么老虎机的。"Eric 倒是挺有兴趣。

陆哲听了非常高兴，终于能有个场景把数据和决策连起来，这顿饭吃得还真值。

随后数据和产品两个团队合作，一起策划了落地页 A/B 测试的方案。事先讨论了不同的广告语、版式设计，最后上线测试做看好的三个方案。

上线之后，数据的监控是最重要的。首先掉队的是第二个方案，很快就显示出数据很低，及时终止了。剩下的两个方案差别不大，第一个略好一点，如图 7.1 所示。

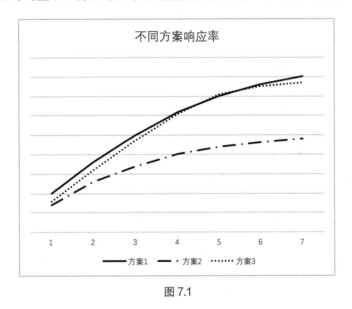

图 7.1

不过小崔通过细分发现，北方城市对方案 3 更加喜欢，而方案 1 对于南方城市更合适。

知道了数据统计结果，推广页便可以根据客户画像的属性，展示不同的设计页面，最后效果非常不错，整体的转化率上升了 15%，这对于公司来说就是很大一笔收入啊。如果能在不同的活动中都推广，那么数据产生的价值就更大了。

公司定期会有分享会，主要是让大家更好地了解彼此的工作。基于这次成功的活动，陆哲建议产品部门做一次分享。

在分享会上，Eric 介绍了产品改进中的一些新的尝试和心得，也讲了这次 A/B 测试的应用流程和结果。

分享快结束时，Eric 说道："前面所讲的就是我们这次推广页的 A/B 测试过程，感谢陆博士给我们的建议和帮助，以后要多一起吃饭啊！" Eric 还没忘记那次临时撮合的午饭。

"陆博士，那我们做地面推广可不可以也试试这种方法？我们那个宣传单页也可以测一测吧。"运营部的同事问道。

"还真有这么干的。我有个朋友，他们公司的宣传单页上有二维码，而且不同单页、不同地区的二维码里面的内容都不一样，都有不同的渠道编码，从后台数据就能看到区别了。

"不过难点是单页印刷也要按需变化，不像线上改变这么方便。我那个朋友的公司搞了七天活动，单页也改了三版，辛苦了设计师和运营组的同事，不过效果的确很好，你们可以试试。"

"辛苦倒是不怕，就怕辛苦了还没效果，岂不是白辛苦。陆博士，以后我要多找你吃饭。Eric 你看，你这饭吃得多值。"大家哈哈大笑起来。

"那要感谢姜总啊，当初这个想法还是姜总提议的。我刚来时刚好赶上，人们都说创新是随机碰撞中产生的，咱们是在随机吃饭里产生的。"陆哲回头看向姜总。

"其实当时这个想法是挺简单的，咱们公司越来越大，很多同事都不认识，目的是让大家认识认识，没想到还有这个效果啊。

"陆博士说的对，创新需要更多想法的碰撞，碰撞的结果好不好，最后还要用事实检验，就是要看数据。什么都可以尝试，优胜劣汰，用数据说话。

"这次产品部门的尝试值得大家借鉴，把数据用到实际工作里，既有创新，又有实践，大家给咱们产品团队鼓鼓掌。"姜总带头鼓起掌来。

陆哲也跟着大家鼓起掌来，"数据有价值"的道理需要时时讲，处处讲，等有实际效果了说服力就更大了。

分享会开始前，陆哲邀请姜总过来时，姜总估计就明白了他的想法，最后的总结既肯定了产品部门的工作，也强调了数据的作用。

数据工作本身就是一个 CEO 工程，核心管理层的支持至关重要，企业的文化变革也是一步一步，用一些典型的事件推动的。以后还会有更多的场景，有更多的实际例子，大家对数据的认同也会越来越强。

这次会议之后，公司里和陆哲吃饭的人越来越多了，很多场景都有需求，大家也越来越习惯用数据说话。陆哲团队的人手不多，只能挑比较紧迫的先做。销售、推广这些方向见效快，为了企业生存，就会优先一点。有关教育过程的数据比较难收集，也不是陆哲熟悉的领域，一般就排得靠后一点。

陆哲一直希望团队能有更多资源，如果有更多人手，就有资源做一些储备性、试验性的工作。但是教育公司不像有名的大公司，也不像人尽皆知的短视频公司，找到合适的人并且留住他们，不是一件容易的事情，陆哲该如何应对呢？

4. 团队为先

对于数据团队的设置，不同的公司有不同的考虑。有的公司将数据团队放在各个业务部门，这样的确更加贴近业务。不过在陆哲设计的架构中，公司的数据团队相对比较集中，这种设置可以让团队更加专业，有更多相互学习和借鉴的机会。

同时，针对不同业务部门都有专门负责的小组，任务相对稳定，也可以更好地熟悉业务。有时为了熟悉业务，负责业务的同事还会去业务一线待一段时间，真正了解业务的需求，找到切实的突破点。

陆哲深知人才的重要性，对于数据团队更是如此，他把很多的精力都放在了找人用人上。作为首席数据官，这些事情他责无旁贷。

陆哲对于团队非常爱护，也有培养的心思。陆哲原来团队中的很多人后来都独当一面了，比如，当初的一个分析师后来做了整个公司的分析总监，另外一个算法工程师后来还获得了年终 CEO 特别奖。陆哲找到这些老同事，让他们介绍靠谱的人，这是个不错的渠道。至少他们内推的人，素质基本差不了，毕竟有老同事的背书，自己不认同的人，也不会推荐给陆哲。

除了熟人推荐，社会招聘也不能放松，招聘一个合适的人实际上非常难，因为专业能力标准不能降低，一个人的品性更是重要，责任心、好奇心，都是一个人能不断成长的基础和动力。但是只从简历里很难鉴别一个人的好坏，即使是猎头推荐来的，面试之后也有很多不合适的，平均要面试几十个才能招到一个合适的。陆哲也只能不走寻常路，挖掘各种机会找人。

有一天，陆哲刚好要出去，HR 的同事问他："一个算法的实习生，算法经理面试完技术了，我也和他聊过，小伙子挺不错，你看你要不要最后面试一下？你最近催得这么紧，天天找我要人，早点定下来，可以早点入职。"

"哎呀，我马上要出去，有个大学生数据训练营汇报，我去做一下评委，要不你和他再约个时间？"陆哲解释道。

"要不就直接给他发了 Offer，你看你平时也挺忙的，时间宝贵。"HR 说道。

"还是你再帮忙约一下时间吧，现在团队还不大，每个人我还是要最终面试一下，也免得以后给你们添麻烦。辛苦你再帮忙约一下，我这周后三天下午都有时间。"陆哲说。

陆哲这样做是有原因的，虽然现在团队有几十个人了，但是每个人的影响还是非常大的。如果一个人不符合团队的文化，工作中出点问题，那么对整个团队的影响会很大。所以在团队成员达到 100 人之前，他还是坚持最终面试他都要看一下，其他的决策可以放权，但人这一关还要他来守。

陆哲着急走，本来这个大会是下午两点开始，没想到中午管理会开得比较晚，再不走就可能迟到了。

这个大学生数据训练营是陆哲的母校举办的，在校的同学参与为期三个月的培训和练习，培训结束后，汇报最后的大作业，也展示一下同学们的学习成果。他回母校做过很多次分享，与学校的老师很熟悉。当初组织这个培训的时候，学校的老师咨询过他培训的内容，希望能贴近工作的实际情况，同学们可以增加一些实际的项目经验。

陆哲对这件事非常尽心尽力，希望能帮助师弟师妹更好地从学校过渡到职场。当初自己从学校出来，才发现很多都要在工作中学习，学校的学习与工作中实际需要的还是有一定差距的。

对于最后的大作业设置，陆哲建议更接近实际一点，设置几个备选的数据集和业务背景，同学们可以自由选择自己的方向，只要能自圆其说即可。

陆哲看到同学们的培训结果还是挺欣慰的，通过三个月的学习，大家能把全部流程走通，能理解基本的数据分析过程，并做出具体的成果。大部分同学都写出了完整的分析报告，把自己学习的内容尽量用上。先做一定的描述性统计，再定义问题建立机器学习模型，预测客户流失或营销结果，检验模型的准确率，这些流程在培训中都重点强调过，从结果来看，同学们都掌握了主要环节。

最后上台的是一个女生，她走到讲台旁，没有打开 PPT，而是点开了一个 BI 软件的界面，整个屏幕上分布着不同的统计图形，题目是"电商运营分析"。

"我叫小林，这是我的作业，我没有做模型，而是把这个网站三年的数据汇总起来，做了一个多维度的分析。"这个女生开场便说出了自己的目标。

陆哲倒是眼前一亮，首先，小林同学作品的配色、图形都令人很舒服，而且分布比较合理，不同的统计指标一目了然。

小林开始介绍她的作业，原来她想象了一个电商的工作人员，从数据中看到购买指标的变化，一步一步往下钻，分析变化的原因。这个过程有目标、有论据、有探索。虽然小林没有用非常高深的机器学习算法，但是对数据的解读也是有理有据，非常符合常识，对软件的运用也很合理。虽然与企业实际的运营系统有些差距，但是能从使用者的目的出发来设计指标，还是非常有业务感觉的。

小林介绍完，到了导师提问的环节。陆哲有些好奇地问道："你的图做得很漂亮，你是什么专业的？还有就是，大家都是做算法建模，你为什么想到了这个创意？"

"我是新闻学系的，平时喜欢画画和平面设计，这些数据、图像倒是挺吸引我的，所以我报了培训班。我编程能力不行，所以选了这个方向，希望能让数据有点用。大家都做得很好，我才刚入门。"小林有点不好意思，不过倒是非常坦诚。

"我对新闻学不太了解，不过国外有个职业，叫 Data Journalist，就是用数据来讲新闻故事，现在各个行业应用数据的都越来越多了。你的软件用得挺好的，虽然不是编程，但是看得出下了不少功夫，做得不错。"陆哲的评价非常中肯，对小林来说，做这个非常不容易。

"谢谢老师，我就是觉得这些图形都挺好看的，与我们做平面设计一样，排列组合要合理，挑选颜色要和谐，还挺有意思。不过有些难点还是请教同学的，他们都很帮忙，也谢谢吴同学和谢同学。"小林向台下的两个同学点头表示感谢，被提到的两个男生反而有些不好意思。

见到两个男生的反应，同学们也笑起来，陆哲心里也笑了，这些师弟师妹做得真的不错。

陆哲做评委也有自己的目的，他希望找到一些有潜质的同学，这个小林就不错，可以尝试做数据产品经理的实习生。她做事情有目标，能找到资源，而且有不错的美学感觉，这是非常难得的。

报告结束，学院负责的老师做了总结，同学们各自散去。陆哲回头看见小林走出教室，就追了过去。

"小林同学，你等一下。"陆哲在楼道里叫住小林。

"陆老师好。"小林非常有礼貌，但是有些疑惑。

"今天你的报告做得非常好，我觉得你非常适合做数据产品经理。你在找实习的单位吗？可以来我们团队，做数据产品经理的实习生。"陆哲说明了来意。

"我数据分析能力还挺初级的，不知道能不能满足你们的要求。"小林觉得自己还是有些不够格，因此有些担忧地说。

"我觉得你的数据感觉不错，沟通能力也不错，具体的可以在工作中学习，我们也有正式的产品经理带你，你考虑一下。"陆哲态度还是非常诚恳的。

"谢谢陆老师，那我想想，不知可不可以加您一个微信，我尽快给您答复。"小林说。

"好的，有什么疑问随时联系我。"陆哲和小林交换了微信，便回了公司，他从心底是希望可以找到像小林这样的同学，给他们机会，也期待他们能为团队带来惊喜。

过了几天，小林同意来做数据产品经理的实习生，陆哲终于放心了。这次培训项目收获很大，不仅帮到了师弟师妹，自己团队也找了一个好苗子。这样不拘一格地网罗人才，对陆哲来说不是第一次，也不会是最后一次。

小林入职的时候，刚好赶上数据团队每周的分享会，这是从陆哲上任起就发起的项目。

当初还是几个人的时候，大家可以随时讨论，互相学习。后来团队人多了，各自的领域更加细分了，定期分享便可以帮助团队相互理解。算法团队可以更理解数据收集的难点，产品团队也可以了解算法的前沿，数据到价值的转化链条很长，每一环都要衔接，相互了解非常重要。

这种分享对于讲的人其实提高是最大的，自己做的东西，能给别人讲明白就不容易，陆哲能体会到这一点，所以他坚持让每个成员都要有机会分享一下，梳理自己的想法，可以沉淀和固化。

公司网站上还有数据科学的专栏，展示一些技术上的成果，这样可以吸引一些行业内的人，也可以树立公司的技术形象。公司非常支持，对于招人也有好处。

对于这个团队的组建，陆哲的确想了各种方法，看着它一天天壮大，做出越来越多的成果，就像看着自己的孩子成长一样，虽然辛苦，但还是非常欣慰。

5. 切入核心

看着工作不断增多，团队也越来越大，陆哲有欣喜，也有忧虑。欣喜的是，大家对于数据的作用也越来越接受，运营、销售，这些都是比较快见成效的，数据团队的同事做起来也很有成就感；忧虑的是，在整个教研和教学过程中，数据化做得并不多。而对于一个教育公司来说，教育产品才是核心，销售、运营这些都是围绕好的教育产品来运行的。老师教不好，学员学不到东西，再好的销售、再好的运营活动，最后都是不可持续的。

陆哲和教研团队聊过，不过这个领域对陆哲来说还是陌生的，教研团队对他也很佩服，不过说到具体教学方法和流程，数据能帮上什么忙，就不知道了，总不能最后没有老师了，让机器给学生们上课吧。

对于教育，说实话，陆哲不是专家，他写过文章，也做过音频课程，但这最多算是出版，还不能叫作教育。教育是让人改变，既有认知的改变，也要引发行为的改善。所以教育的核心是理解学习者的学习过程，看用什么方法可以量化，改进学习的成果。

教育是个非常特别的领域，在这个领域里，人们有几千年的经验，而且参与过程中，学习者和教育者的互动非常复杂，不容易数据化。不像短视频收看行为，决策链条比较短，更容易使用机器来跟踪、反馈。

一有机会陆哲就会找教研的老师聊天，也顺便和他们探讨如何做可以用数据改善教学的效果。陆哲和教研团队的韩鑫聊得最多，韩鑫有多年的教研经验，思维也比较开放，与陆哲非常聊得来。

韩鑫和陆哲聊天时，会说到很多孩子学习的规律："其实小孩子学习，最重要的是学习的意愿，如果没有这个意愿，再好的教材也没用。学习意愿是发动机，好的方法可以减少摩擦，提高效率，但是如果没有发动机，就走不远。"

"那他没动力，原因很多啊，到底是人的本性决定的，还是学习过程中给消磨掉了？"陆哲问道。

"这个都有可能，但是我们只能改变能改变的，比如，让学习任务处在比较合理的区间，不要太难，也不要太容易。太难会让学生产生挫败感，太容易会显得无聊，稍稍难一点的任务，更能激发兴趣，能让孩子坚持下去。"韩鑫说道。

"那就要量化一个孩子的现有水平，再推荐合适的题目，这个与推荐系统的思路很像。怎么才能测试一个人的水平和题目的难度呢？这个是不是有一些成型的理论？"陆哲问道。

"其实这个还是有很多相关研究的，比如，IRT 理论，可以通过统计数据来分析题目难度，测试被试者的水平。"

"IRT 是指？"陆哲问道。

"IRT 是指 Item Response Theory，就是项目反应理论，比传统的 CTT 测试方法更加科学，美国的 SAT、GRE 这种考试的设计中都用到了这种理论。"韩鑫解释道。

"看来我在这方面真是太小白了，有没有一些文章给推荐一下，我先学习学习，要不咱们这没法聊了，呵呵！"陆哲苦笑一下。

图 7.2

"回头我给你列一些文献，我这儿的书你也可以随时看看，期待跟你多多探讨啊！"韩鑫说的是实话，看得出他心里也有很多想法，但是没有办法实现。

陆哲扫了一下韩鑫桌子上的书，还真挺多的。陆哲本身就是爱读书的人，没想到韩鑫更是如此，他的座位靠着一个窗台，除了座位上，窗台上也摆满了书。

"推荐你一本书，叫作《聪明教学 7 原理》（见图 7.2），这里面有些基本的概念可以看看。"韩鑫说着从窗台上的一排书中拿出了一本。

"好，我先自己学习学习，回头找你。"陆哲拿起书看了看，这是他关于教学的入门书。

陆哲循着韩鑫推荐的一些文章和书籍，一点一点地补充着自己这方面的知识。在他的知识体系里，这方面的确是非常欠缺的。

这本《聪明教学7原理》里的第三条是，学生的动机决定、指引和维持他们的学习活动。这不就是那次和韩鑫聊天时说到的问题嘛。

影响学生的动机形成的因素有很多方面。一方面，老师展现的对于本学科的热爱可以感染学生，这部分其实是代替不了的；另一方面，给予学生适当难度的挑战也可以影响学生，因为一个人的学习区就是有点难又不太难的情况，这部分其实数据和AI是可以帮上忙的。

陆哲找到了韩鑫说的IRT理论，从原理上讲并不难，最终是个逻辑回归的模型，但是看了不少资料之后，陆哲有一个疑问，特别想找韩鑫讨论一下。

这天早上陆哲来得特别早，一看到韩鑫从公司大门进来，正走向咖啡吧，陆哲就跑过去拉住了他。

"我昨天看了你推荐的论文，关于IRT的，有点问题问问你。"陆哲说。

"好啊，你说说看。"韩鑫听到陆哲问这个，停止了去咖啡吧的脚步。

"我看IRT的理论是要得到每个题的难度，同时要测试出不同人的能力，需要两方面数据的迭代计算，但问题是这数据咱们现在没有啊。"陆哲说道。

"你还真是管数据的，第一个就想到了这个，这是个非常重要的问题，不只咱们公司，市场上很多细分门类的数据收集得也不多。"韩鑫说道。

"我的问题是，这种数据收集还需要哪些准备，如果需要数据系统，这些我们都全力支持。"陆哲说到了实际落地的部分。

"首先要对知识点进行梳理，对题库进行扩展和补充，还有现在的教学过程，也要做一些调整，这些都是基础工作。"韩鑫说道。

"行业缺这些数据，至少也说明，如果咱们早点动手，早点积累，那么在业界也是领先的啦。咱们好好商量一下怎么干。"陆哲从另一个角度思考了这个问题。

这的确是个系统工程，陆哲特地成立了一个小组来支持这个项目。毕竟这是切入教学过程的第一步。

韩鑫带领的教研团队工作量更大，在数据化之前，每门课的知识点都要进行细粒度的拆解，只有做到细粒度，才能更灵活地组合。

几个月里，教研部门和数据部门沟通密切，几乎周周都要一起开会讨论，项目里的人都脱了一层皮。功夫不负有心人，他们终于在部分课程中初步实现了一定个性化的配置。根据学习路径可以自动判断学员的不同学习分支，是重复训练还是通关到下一步。

虽然是刚起步，但是流程建立了起来，数据就可以源源不断地产生了。虽然智能化的功能还不完善，但是这第一步走起来是关键，数据的作用深入到核心环节是非常不容易的。

之后在学习的各个层面，他们也尝试了不同的智能化功能。比如，学生情绪的监控和管理，使用到了深度学习模型，进行微表情识别；老师和学生一对一地匹配中，用算法不断优化，提升学生的体验。

这些智能化的工作不仅帮助产品部门将产品做得越来越好，也帮助公司提升了品牌形象。产品部门把这个特性再突出宣传出来，在运营活动、品牌宣传中，智能化的概念的确突出了出来。

陆哲的心愿算是完成了第一步，未来还会有更多教育智能化的应用，陆哲还会探索下去。

在一年一度的人工智能和教育峰会中，陆哲介绍了自己团队的一些尝试。对于这个话题，他和到会的同行交流了很多。市场上主打智能化的公司也在不断出现，相比从前，现在可以交流的同行更多了，看看不同公司的尝试也很有启发。

在分享发言的最后，陆哲说道："数据智能和教育还在初步探索阶段，还有很多领域可以尝试。让更多孩子接受更好的教育，也是帮助我们塑造更好的未来，让我们一起努力吧。"

后记

谈谈数据领导力

在写作这本书的过程中，我们先后访问过几十位数据工作者。他们的职业生涯长短不同，所在的行业不同，在数据价值实现的过程中扮演的角色不同，所处的职位级别也不同，但都在自己的岗位上推动着数据价值的落地，带动着企业发展得更快更好。

数据领导力对于期望或正在进行数据化转型的企业至关重要，我们到底应该如何培养这种能力？它又会以什么样的形式表现出来呢？

与其他的工具和技术类似，数据对于企业的改进通常是渐进的，一般会循着数据化、自动化、智能化的路线逐步升级。其中，数据化是指企业拥有全面且质量可靠的数据，能够通过数据的语言来重现业务流程，评价工作成果。自动化是指企业已经积累了一套通过数据识别和解决问题的成型的方案，可以通过各种工程实现的手段让它们自动执行。智能化则更进一步，是指企业所建立的数据应用机制能够自动地发现并尝试解决新问题。

各行各业在进行数据化转型时，天赋的条件就有差异。比如，互联网、金融、电信等行业，天然地富集数据也依赖数据，基本已经完成了数据化的阶段，进入了自动化的阶段；而能源、制造等传统行业运转的根基并不在于数据，大多还处于数据化阶段的早期。而且，数据化、自动化、智能化这三个阶段往往也并不是截然分开的，它们可能会在同一个企业中长期并存。很典型的一种情况是，成熟业务竞争格局稳定，业务经验沉淀得足够多，已经在向智能化阶段迈进；而创新型业务则面临比较大的变数，还处在考虑如何丰富数据源、通过哪些指标来衡量业务执行情况的阶段。

无论处于什么行业，已经到达了哪个阶段，一个企业要逐步走过数据化、自动化、智能化三个阶段，成功实现数据化转型，需要的远远不只是建立一个数据团队这么简单。即使有了可靠的数据基础和数据团队，成果的落地应用也需要其他职能的理解、配合和执行。这必然要求企业在努力挖掘数据价值的同时，配合实现一系列的流程、制度、文化的转型，才有可能真正达到通过数据为自己找到发展新契机的目的。为此，企业内部的各个职能都需要有所侧重地发展自己的数据领导力。我们可以按照影响范围和能力要求的不同，将数据领导力分为以下四类。

1. 个人领导力

个人领导力是从事数据相关工作的员工的个人能力，也是四项能力中最基础的一项。企业内部与数据相关的岗位很多，除数据分析师、算法开发工程师、数据产品经理等典型的数据专业岗位以外，其他职能中也有很多需要频繁与数据打交道的岗位。比如，销售、市场、运营、产品、采购、财务、人力等业务和职能部门，通常会有人专职或兼代从事整理数据报表、跟进进度、寻找问题、定位异常等工作；企业的战略、投资、研究等部门也经常需要处理和消化大量的宏观、行业和竞品数据。

所有这些岗位都需要员工掌握必要的使用数据的专业能力，同时需要员工通过行动赢取合作者的信任。前者是数据工作者必备的基础能力，根据岗位不同，涉及的知识和技能也有所差异；后者则是让一个人的专业能力升级为领导力的必备要素，对各个岗位的数据工作者来说，标准大致是相同的。

比如，数据分析师和算法工程师，他们核心的工作技能都围绕着如何从数据中找到有用的信息展开，包括与数据相关的编程、数据可视化、各种模型等。他们要提升专业能力，一靠持续和广泛地学习来拓宽思路和知识面，二靠在实践中不断总结和摸索知识落地为解决方案时的各种限制条件和变通方法。本书的部分人物的故事中提到了不少数据科学类的专业书籍，它们都来自很多同行的共同推荐，希望对各位读者的职业发展能够有所帮助。

而对于来自非数据团队的数据类岗位的员工，对其在数据专业知识上的要求相对较低，比如，工具方面掌握好 Excel 和 SQL 即可。但这些员工要对自己所在的这个职能部门的各种细节都足够了解，要能够迅速地在数据和业务动作间建立双向的联系。

这两类人无论是哪一种，要验证他们从数据中得到的发现，都需要其他人的配合。比如，销售运营专员发现有几个销售大区的业绩异常，需要对这些区域的员工进行强化培训和监督。这个工作通常在区域销售总监的职责范围内，要实施培训计划，必须得到他们甚至是他们上级的认可。

那么数据工作者要如何建立这种信任呢？有两点很重要：一是要懂得如何与不同背景的伙伴沟通交流。同一个成果，一分钟的电梯汇报，15 分钟的管理例会演讲，两个小时的数据产品培训，对象不同，讲的内容和方式天差地别。但只有所有的听众都理解和接受了你的思想，这项成果才能从战略到执行都不变形，才能得到在实践中经受检验的机会，为你的工作带来宝贵的反馈。二是要能够持续稳定地提供高质量的专业成果。这就像是我们在网店买东西，要看店家的历史评价和得分一样，我们更容易相信那些一贯表现良好的商家会继续可靠下去。

2. 执行领导力

这项能力主要针对数据团队的领导者。作为带领数据团队的人，他们除了要关注自己个人能力的提升，更要注意培养数据团队的执行力和专业水准，在整个团队中尽可能快速扎实地复制出更多具备个人领导力的员工。提升执行领导力，可以从以下几个方面入手。

首先，在招聘环节要有明晰的要求，并严格执行。数据团队是企业数据化转型中承压最大的部门，可能每天都会遇到和尝试解决新问题，更适合选择那些在专业能力和职业能力方面都有一定潜力或积累的 T 字形人才。任用一个在某一维度上有明显欠缺的候选人，也许在当下可以稍微缓解团队的压力，但从长期看，个人的短板必然会影响到团队的整体发展。

其次，管理者要鼓励创新，勇于承担责任。数据行业整体而言变化快、压力大、有很多新问题，非常需要探索创新性解决方案的能力。不过，创新也同时意味着更高的失败率，管理者既要在团队内部培养和鼓励创新的习惯，也要在团队尽力但不能达成完美成果的时候，为结果承担责任，并且尽量为团队的长期发展争取更多的理解和发展空间。

最后，要鼓励数据团队中的每一个人都成为数据思维和数据成果的推广者。数据团队的工作专业度高，成果的验证需要其他团队的配合，这就要求数据团队要能帮助其他职能的同事理解数据成果的意义。同时，数据团队要把握住困扰企业发展的真正问题，也必然要对企业的整体目标、各个职能的痛点问题有所了解。也就是说，数据团队需要与其他职能建立起经常性的相互交流沟通的习惯。

3. 协同领导力

协同领导力针对企业内部的所有职能，是企业将数据成果完整地转化为业务成果的落地实践能力。就像我们前面说的，数据成果落地需要各职能、各层级员工的协作。所以协同领导力好的企业中必然有一群人是掌握"数据语言"与"业务语言"的双语者，他们将各职能、各业务的痛点转化为数据问题，也将数据成果包装成业务人员可以听懂和执行的方案。这些"双语者"的存在，对于数据思维和数据化决策渗透到整个企业的日常工作中去至关重要。

除此之外，数据化转型的过程中，公司各部门也要注意基于数据建立共同的利益。本杰明·富兰克林说过："如果你想要说服别人，要诉诸利益，而非诉诸理性。"数据成果落地、实现数据价值的过程也同样如此，任何一项合作都应该尽量建立在所有参与方共同受益的基础之上。

比如，第一章小R的故事中，在"柳暗花明"这节中，有一个她无意间开发出"爆款"数据产品的情节。这件事虽小，却是一个"共赢才是长期合作的基础"的生动例子。

再如，当下有很多企业在推广AI客服等工具，以减小招募、培训和维持客服中心的庞大团队的压力。从数据的角度看，这是能够提高效率、稳定服务水平的好事情，但是对于客服团队本身而言，这个AI产品却威胁到了他们的工作，客服团队自然会对AI产品产生抵触情绪。如果我们以共赢的思路来考虑这件事，客服团队员工的经验本身就是AI产品宝贵的输入，邀请他们中合适的人参与到AI数据产品的设计和改进工作中是一件非常顺理成章的事情。当然，能够得到这样机会、适合这份工作的人相比客服中心整体来说，必然十分有限。那么公司也可以在研发AI产品的同时，规划客服中心员工转岗分流的计划，为他们提供转岗所必需的辅导和内部通道。当员工都有机会得到新的、可能更有意思或报酬更加丰厚的工作时，离开人工客服的岗位对他们来说就不再是一个威胁，而是一个机会。这虽然是一个虚拟的例子，却是当前很多企业中正在发生的事情。找到一条人机合作、各展所长的道路确实并不容易，但通过公司各职能的协同，我们仍然有很大的可能可以尽量消解来自内部的各种阻力，将数据的价值全面地释放出来。

4. 战略领导力

战略领导力主要是对企业管理层的要求。数据化转型关涉企业全局，是一项典型的 CEO 工程，需要核心管理层的理解、支持和投入。要做到这一点，管理层首先要对数据化转型的工作范围、周期、成本、收益有合理的认知和期待。比如，还处于数据化阶段早期的传统行业，通常数据积累不足，没有成熟的数据团队，数据文化也比较薄弱。这样的企业很难在短期内通过招募一批厉害的数据人才就实现脱胎换骨的改善。对于这个阶段的企业来说，小步快跑地积累数据、建立和完善业务指标体系通常是性价比较高的选择；但这样的工作在短期内很难达到令人眼前一亮的效果。

在对于数据工作有了合理的认知和期待的基础上，管理层还要在行动层面付出努力。如果高管们每天看数据，做决策必看数据，数据一旦有异常就会马上做出反应，那么公司各个层面必然也会重视数据，学着用数据说话和决策。管理层在为数据团队制订工作计划的时候，也应该引导数据团队尽早地切入公司的核心业务，帮助关键业务提升效率、优化结果。在核心业务上的改进一旦成功，就将成为企业数据化转型过程中的标杆，它的示范作用足够带动其他部门主动接受和融入数据文化。

在企业数据化转型的过程中，这四种能力缺一不可：战略领导力为企业的数据化转型锚定方向，设定合理的路线图；个人领导力和执行领导力保证数据团队及在其他团队从事数据工作的人，能够从数据中发现问题和解决改进的方案；协同领导力让数据成果完整落地，是实现从数据到商业价值的最关键一环。

    与所有变革一样，企业的数据化转型必然不会一帆风顺，而是会伴随着各种阻力和困难。同时，这个过程需要长期的投入，并且可能在投入的早期看不到任何明显的效果。但投身其中的企业和个人，只要对此有所准备，不断探索和总结，就必将能找到属于自己的成功之路。希望每一位数据工作者和每一个有志于实现数据化转型的企业都能逐步建立起自己的数据领导力，探索出一条适合自己的职业发展路径，实现整个组织的数据化转型。

跋

王安和常莹两位作者是狗熊会非常优秀的小伙伴。这本书是狗熊会数据科学系列书籍的第六本，与其他几本如《数据思维实践》《R 语言：从数据思维到数据实战》《Python 数据科学实践》《深度学习笔记》等教材工具类书籍不同的是，这本书完全从不同的视角，以数据从业者的亲身经历和体会，展示不同行业、不同岗位在数字化转型和应用过程中所经历的真实场景，有成功和失败，也有经验和教训。它充分说明在一个数字化时代下的伟大应用和变革，不仅仅是数据量级、运算能力和技术分析方法的组合，更是管理模式、业务创新、组织结构和人才保障的综合体现。

2020 年，中国启动了新基建的开发建设，投资总规模可望达到万亿元，其中包括 5G 基站建设、交通铁路、新能源及大数据中心、人工智能和工业互联网等。与此同时，中国政府也在大力发展数字经济，提升数字治理能力。从宏观政策到微观经济，从政府决策到个体参与，每个人的工作和生活都与数字化越来越密不可分。本书中的七个人物，所处行业不同、职位不同，但却是真实发生在我们周边的鲜活而生动的案例。相信对于职场中的你我，定能感同身受，或借鉴参考，或悟道反思。

狗熊会始终以"聚数据英才，助产业振兴"为使命，既关注高校课堂上的数据科学人才的学习，又关注行业和企业里的数据科学应用与实践，并试图让两者之间建立直通的桥梁，这样既能够培养出更多的符合市场需求的实践应用型数据人才，又能够把企业中的真实场景和案例带进课堂。因此，狗熊会的课堂教学和人才培训始终是以商业案例和实训辅导相结合的。目前，人才计划、在线实习和商业分析训练营三大学习板块已累计为学校和企业培训了超过 1 000 名优秀的数据科学人才。本书作者王安和常莹是主要的培训导师，从讲台授课到企业数字化，两位都实现了完美的融合和转换。

目前狗熊会已累积了超过 12 万的粉丝用户，绝对数量虽然不大，但是非常垂直和专注，有教师、学生、企业从业者、政府人员等，数字化浪潮和商业分析应用将大家聚合到一起，希望狗熊会能够成为数据英才聚集的社区和交流分享的平台。

狗熊会 CEO 李广雨